"十三五"普通高等教育本科部委级规划教材

模特形体训练

MODEL BODY TRAINING

李玮琦　陈继鹏　高　洁 ｜ 编著

中国纺织出版社

内 容 提 要

本书为“十三五”普通高等教育本科部委级规划教材。

形体训练是服装表演本科专业的基础课程，也是必修课。本书以人体科学为依据，从形体训练理论内容、训练方法入手，发现并给出形体训练中常见问题的解决方法，改变模特形体动作的原始状态，通过制订训练计划、合理控制饮食等帮助模特减轻及控制体重，改善形体部位的形态不足，提高肢体的灵活性、表现力，增强其可塑性，为模特良好站姿、坐姿、走姿的培养在身体素质方面打下良好的基础，使模特获得健康的体形美、姿态美和气质美。

本书既可作为高等院校服装表演专业教材，也可供行业相关人士学习和参考。

图书在版编目（CIP）数据

模特形体训练 / 李玮琦，陈继鹏，高洁编著 . — 北京：中国纺织出版社，2018.9（2023.7 重印）

“十三五”普通高等教育本科部位级规划教材

ISBN 978-7-5180-4935-6

Ⅰ. ①模… Ⅱ. ①李…②陈…③高… Ⅲ. ①时装模特—形体—健身运动—高等学校—教材 Ⅳ. ① TS942.5

中国版本图书馆 CIP 数据核字（2018）第 078576 号

策划编辑：魏　萌　　责任校对：王花妮　　责任印制：王艳丽

中国纺织出版社出版发行

地址：北京市朝阳区百子湾东里 A407 号楼　邮政编码：100124

销售电话：010 — 67004422　传真：010 — 87155801

http: //www.c-textilep. com

E-mail: faxing@c-textilep. Com

中国纺织出版社天猫旗舰店

官方微博 http://weibo.com/2119887771

三河市宏盛印务有限公司印刷　各地新华书店经销

2018 年 9 月第 1 版　　2023 年 7 月第 6 次印刷

开本：787 × 1092　1/16　印张：11.75

字数：156 千字　定价：42.00 元

前　言

当今时代，社会对人才综合素质的要求越来越高，模特应该是具有较高综合素养的特殊群体，要在激烈的人才竞争中立足，得到社会的重视，除了具备过硬的专业知识和技能，同时还需要拥有符合职业需求的形体条件和高雅的气质。形体训练不仅仅是身体素质的训练，也是文明教育和美育教育的重要手段，它在改善身体形态的同时，可以提高模特的综合素质。

形体训练对于模特而言是一项重要的基础训练内容，通过形体训练，可以极大地提升模特的综合内在素质，使模特具备适合职业需求的形体条件和形体表现力。我国模特的培养起步较晚，又缺少相关的教学研究，很多院校和培训机构借鉴了运动训练专业和舞蹈专业的训练模式，但其教学方法并不完全适用于模特。本教材结合编者多年从事模特形体训练的教学体会，总结出适用于模特专业形体训练的学习内容和方法，为服装表演专业形体训练教学提供参考。

由于男、女模特骨骼形态、体脂含量（男性的脂肪含量要小于女性）、肌肉线条以及体态不同，所以形体训练的方法及内容也不同。男模特更注重身体力量性训练，增加肌肉的线条，使其看起来有力而且挺拔。女模特更注重修塑体形，加强身体的延展性和柔韧性，改善身体比例，使形体看起来修长、纤细、挺拔、优美。所以本书中将分别对男女模特训练方法进行介绍。

本书编写分工：李玮琦负责理论部分内容及女模特形体训练方法的

撰写；陈继鹏负责男模特训练方法的撰写；高洁负责资料的收集、整理及图片拍摄。全书由李玮琦负责整体构思和统稿。

由于编写时间局限，书中难免有疏漏和不足之处，恳请各位专家、读者批评指正并提出宝贵建议。

李玮琦

2018年1月

教学内容及课时安排

章 / 课时	课程性质 / 课时	节	课程内容
第一章 / 6	基础理论 / 6	•	**形体训练概述**
		一	什么是形体训练
		二	形体训练的特点及作用
		三	形体训练的要求
		四	模特形体美的标准及形体测量方法
		五	形体训练的注意事项
第二章 / 4	基础训练 / 8	•	**有氧练习**
		一	什么是有氧练习
		二	有氧练习的方法
第三章 / 4		•	**柔韧性练习**
		一	柔韧性练习的作用
		二	柔韧性练习的方法
第四章 / 24	部位训练 / 48	•	**女模特部位训练**
		一	伸展性练习
		二	颈部练习
		三	肩部练习
		四	上肢练习
		五	胸部练习
		六	背部练习
		七	腰、腹部练习
		八	髋部练习
		九	臀部练习
		十	腿部练习
		十一	哑铃练习

章 / 课时	课程性质 / 课时	节	课程内容
第五章 / 24	部位训练 / 48	•	**男模特部位训练**
		一	男模特部位训练须知
		二	拉伸练习
		三	上肢练习
		四	肩部练习
		五	胸部练习
		六	背部练习
		七	腰、腹部练习
		八	臀部练习
		九	腿部练习
第六章 / 10	瑜伽练习 / 10	•	**瑜伽练习**
		一	瑜伽练习对模特的作用
		二	瑜伽练习的注意事项
		三	瑜伽练习的方法
第七章 / 2	训练计划 与营养饮食 / 6	•	**如何制订训练计划**
		一	训练计划的作用
		二	制订训练计划的原则
		三	训练计划的基本要素
第八章 / 2		•	**模特如何控制体重**
		一	模特控制或减轻体重的注意事项
		二	过瘦模特如何增加体重
第九章 / 2		•	**营养饮食**
		一	食物中的营养素
		二	食物营养成分分析

注　各院校可根据自身的教学特色和教学计划课程时数进行调整。

目　录

基础理论

基础训练

瑜伽练习

训练计划与营养饮食

基础理论

形体训练概述

课题名称： 形体训练概述

课题内容： 形体训练的概念、特点、作用、要求、注意事项
模特形体美的标准及测量方法

课题时间： 6课时

教学目的： 让学生了解形体训练基本理论知识。

教学重点： 1. 了解模特形体训练的特点及作用。
2. 熟悉模特形体训练的要求和注意事项。
3. 了解模特的形体数据及测量方法。

教学方式： 理论教学

课前准备： 对形体训练有基本认识。

第一章　形体训练概述

第一节　什么是形体训练

形体训练是一门艺术，是人体结构的外在表现，是在运动生理学、运动心理学、人体解剖学、运动训练学、体育美学、人体艺术造型学等学科的理论指导下进行的。形体训练有广义和狭义之分，广义的形体训练是指有形体动作的训练，狭义的形体训练是指形体美训练。形体训练是通过运用专门的动作方式和方法，来改变人们形体的原始状态，提高身体灵活性，以增强形体可塑性为目标的形体素质练习。形体训练可以采用各种徒手练习，如韵律操、健美操、瑜伽及各种舞蹈动作，以达到有氧减脂的目的。也可以辅助不同的运动器械进行各种练习，如把杆、绳、球、哑铃以及其他健身器械，达到部位塑形的目的。形体训练是一种高雅的、具有美感的运动项目，集健身、健美、健心为一体，其本质是内化个人修养，外化行为体态。它以综合训练方法，塑造优美的形体，提高人的形体表现力，培养高雅的气质。

模特的职能是以展示服装为主，为使展示效果最佳，服装设计师往往会设计制作较窄尺码的服装，模特必须具有完美的身材比例，才能确保在进行服装展示时能够给观众带来良好的视觉效果，这就对模特的形体条件提出非常严苛的要求，除身高、体重等因素，形体的比例、围度等都是必要的考量条件。

形体训练课是一门非常重要的基础课程，是服装表演专业教学中的重要组成部分，在提高模特形体表现力和表演技能上是不可或缺的。所以，形体训练就是要通过循序渐进的方式，系统完善地展开训练，以达到塑造职业模特的完美形体并且培养其良好的柔韧性、协调性、乐感和节奏感的主要目的。

第二节　形体训练的特点及作用

一、形体训练的特点

（一）针对性

形体训练不仅能使模特的机体新陈代谢旺盛，各器官功能得以改善，增强体质，同时也可以有针对性地改善身体形态，使体形匀称、协调、优美。

（二）普及性

模特形体训练有其独特的魅力，因其不同于艺术体操、健美操和舞蹈的学习，不需要扎实的基本功，每个人都能接受这种艺术训练的熏陶。形体训练不具备竞争性，所以每个人都可根据自己身体情况选择适合的形体训练内容，以达到强身健体、完善身体形态的目的。

（三）实用性

每一个人要获得健康就必须有一定的体能。因此，通过做一些特别的运动训练来增进体能，可以保持模特基本的健康状况。形体训练是以身体练习为基本手段，匀称和谐地发展人体，增强体质。对身体施加合理的运动负荷，可以提高心血管、内脏功能，使身体肌肉力量及耐力素质得到提升，并对体重、体脂等身体成分改善有十分显著的作用，从而达到增强体能，提高人体的免疫能力，使生命力更旺盛、精力更充沛，学习和生活更有节奏的目的。形体训练可以有效提高协调性和柔韧性，协调性是指身体在运动中平衡稳定且有韵律性；柔韧性是指身体各个关节的活动幅度以及关节周围的韧带、肌肉等其他组织的弹性伸展能力，而模特的形体美和舞台表现力正是这方面综合作用的展现。

（四）艺术性

健康的形体美，能显示人的气质和魅力。模特形体训练中强调动作的节奏感和美感，充分体现肢体美。通过科学的形体训练，可以使模特达到举止得体、姿势优美、气质高雅的效果。形体训练是一种特殊的人体塑形训练，将各种有效的训练方法艺术化，让身体具有柔韧性与协调性，展现模特身体姿态的造型美。

在形体训练中，音乐是必不可少的。音乐是形体训练的灵魂，它是完成形体训练动作必不可少的组成部分。音乐可以丰富模特的想象力和表现力，激励模特完成形体训练的计划，并帮助其进行重复性的枯燥练习内容及把握练习的节奏，准确地完成动作。同时也可激发模特的激情，使之在锻炼中更加愉快，更有兴趣，达到忘我的境界。根据不同风格的音乐，选择和编排不同风格、形式的形体训练动作，可以提高练习的感染力，同时提高模特的音乐素养和培养其良好气质，丰富情感、愉悦身心。

形体训练不仅使模特改善体型，增强体质，还使其从中得到美的感受，提高艺术修养。因此，形体训练具有很高的艺术性。

（五）灵活性

模特形体训练大多为徒手练习，也可利用把杆、垫子、哑铃、沙袋及其他器械等辅助，可以在统一的时间内进行，也可分散安排练习时间。不同的体质、体型、素质，以及在不同的地点和使用不同的器材均可进行，它不受场地、器材、时间的限制。只要有计划的安排，不间断地进行科学训练，目标就能达到。

（六）持续性

形体训练可使模特身体健康，体态优雅。预防、改善和矫正不良的身体形态。但形体训练需要一个长期的过程，不可能一蹴而就。试图通过几次训练而达到理想的效果是不可能的，只有通过持之以恒的坚持训练才能使不良的形体得以改善，成就自己理想化的形体美，并保持稳定良好的形体状态。形体训练的长期坚持性也是对模特自身意志品质的考验和锻炼，使模特在美体的同时得到内在美的充实。

（七）节奏性

节奏性是指人体按照一定的运动规律，以特定的频率和速度为主要形式的进行练习。在训练中，无论是上肢、下肢还是躯干动作都是根据人体运动的自然法则，每个动作都有它的起点和终点，以及节奏和用力的分配规律。摆动和弹性动作是节奏运动的基本动作，也是形体训练的基本形式，肌肉的张弛是体现形体动作节奏性的关键。训练节奏包括内在呼吸和外在动作的大小、快慢交替等有机统一。各种形体动作按照音乐的速度、风格的变化，形成节奏的完美统一，并充分表现出形体训练是以自然性动作为基础的、协调的节奏运动这一特点。模特因其职业的特殊性，对节奏感的要求也高于一般人。

（八）多样性

模特形体训练的动作主要有用来训练模特正确身体姿态的专门练习，有用于有氧健身及消耗脂肪的成套系列动作，有用于身体局部塑型练习的单个动作，有适合过瘦模特发达肌肉丰腴健美的动作，也有适合模特在某些形体部位由于自然发育不足导致畸形的矫正练习等。每个动作都是严格按照人体解剖的部位，有顺序、有目的的来设计和编排。

从训练形式上看，模特的形体训练有别于其他表演或运动项目的形体训练，一般很少采用双人组合训练或集体组合形式的训练，主要以单人训练形式居多。有徒手训练，也有持轻器械的练习，有站姿也有坐姿和卧姿。在部位训练中以垫上练习为主，有柔和的慢动作，也有动感很强的快节奏练习，有局部的也有全身的。从模特形体训练的方法上看，它是在多门学科的理论指导下进行的。根据不同的训练目的和练习者各自的水平，选择不同的训练方法。

二、形体训练的作用

（一）改善身体形态

形体训练中的“形体”分为体形和体态。体形即身体的外形，由骨骼、关节和肌肉、脂肪等组成。骨骼和肌肉在全身各部位的比例是否匀称协调、平衡、和谐以及肌肉线条是否优美，决定了一个人的体形。虽然遗传因素对体形起着重要的作用，但形体训练有助于改善体形。通过科学、系统、针对性的形体训练，可以消除体内多余的脂肪，维持人体吸收与消耗的平衡，达到消脂减脂的目的，从而更有效地改善人的体形。同时，形体训练可提高关节的灵活性，增强肌肉弹性，使软骨韧带肌腱等结缔组织富有弹性，弥补先天的体形缺陷，使人体变得匀称健美。而身体及各主要部位的姿态是否端庄优美，又决定了一个人的体态。体态是指从我们平时的一举一动中表现出来的行为习惯，受后天因素的影响较大。良好的体态是形成一个人气质风度的重要因素。通过长期的形体训练可改善不良的身体状态，形成优美的体态，给人以朝气蓬勃、健康向上的感觉。

（二）培养高雅的气质

气质是人在活动中表现出的典型、稳定的心理状态，它是外在美和内在美的结合体，是人的言谈、举止、气质等的良好表现，它们不会因时间的流逝而荡然无存，总是随时随地自然地流露出来，高雅气质是可以通过训练获得的。在形体训练中，不仅可以塑造优美的体型，对练习者的心灵也起到了潜移默化的熏陶和净化。形体训练是在音乐的伴奏下完成的，音乐可以唤起人的内心情感并引起共鸣，使人的心灵和情操得到陶冶和净化，同时能提高对美的感受力和创造力，对改善提高人的精神面貌和气质有很好的作用。优雅的举止通过持久的练习，会逐渐形成。

（三）增强生理机能

形体训练对人体的内脏器官有良好的作用。经常训练的人可以提高心脏的收缩力和血管的舒张能力，使心搏有力，心输出量增加，提高供血能力，有助于向脑组织供养、供能，提高大脑的思维能力。同时由于身体的运动，体内的需氧量增加，使呼吸系统的功能储备量提高，更快地向全身细胞提供更多的氧和养分，故能改善新陈代谢，减少脂肪沉积，延缓血管老化，有益于健康。与此同时，由于形体训练的动作不断变化，也使身体的耐受能力及肌肉的抗疲劳能力得到提高，从而使人的各项身体素质得到全面发展。另外，由于形体练习方法需要在人的中枢神经系统高度协调支配下才能完成，因此它能提高神经过程中的集中能力，提高神经系统的均衡性和灵活性，使人的神经系统功能得到改善，进而提高了人体适应各种环境的能力，也促使人的动作记忆力和再现力得到提高。

（四）增进心理健康

模特在社会中属于特殊人群，所承受的外界社会影响和冲击以及内部的竞争压力是巨大的，而对于在高校就读的模特来说，他们的心理健康情况不仅受社会大环境的影响，还可能受到来自专业本身的影响，例如学业的压力、参加比赛及演出面试的焦虑心理和对自身能力评价过低的自卑心理等。

实践证明，形体训练具有灵活多样等特点，对模特心理健康的影响具有其无可比拟的优越性，它在培养模特稳定情绪、缓解竞争压力、提升模特职业自信心和社会适应能力等心理因素方面都有着积极的影响。

第三节　形体训练的要求

形体训练需要培养良好的科学训练的习惯，把训练作为日常生活中的一种需要，并成为一种习惯。不是任何一种运动都能塑造形体和增强体质，不懂得用科学的方法训练身体，不仅会影响训练效果，还有可能损害身体健康。只有掌握和运用训练的基本原理和科学的方法，了解人体的结构、身体各器官的功能、练习方法的规律特点等才能达到预期的效果。另外，要懂得生理负荷的最佳方案和合理的训练程序，以及如何做训练前准备活动和训练后的整理活动等。良好习惯的形成，是有意志与毅力的结果，只有经过严格要求，反复训练和努力实践才能形成。每位训练者都应根据自己的年龄、心理特征，根据需要，制订科学的、切实可行的计划，有的放矢地进行训练。

形体训练应主要遵循以下两点：第一，循序渐进。训练强度及训练量，要在渐进的基础上有节奏地逐步加大，并应随着人体机能的变化而变化。既要通过训练中的生理测定和训练后的自我感觉，做到勤而行，又要根据实际情况，统筹安排运动负荷量、强度和间歇时间。第二，自觉性。要培养良好的训练兴趣，有了兴趣就有了目标，同时也增强了自觉性。只有自觉积极地按计划科学训练，才能排除一切干扰，逐渐达到最佳训练效果。

第四节　模特形体美的标准及形体测量方法

一、形体美的标准

模特无论在生活中还是在T台上，优雅的姿态和体形都是令人欣赏和向往的。形体美是一种综合美，既包含了人体外部轮廓的美，又包含了人体在各种活动中表现出来的体态美。形体美是优美姿态、完美体形相互融合的整体美，这种美需要通过形体训练获得。只有具备了姿态美、体形美才具备了外部形态美，所有这些只有通过持之以恒的训练以及合理的饮食搭配才能成就，而外部形态美与内部情感的统一就真正构成了模特的和谐美。

（一）姿态美

姿态美可以反映一个人的内心世界，它不仅本身就是美的造型，而且可以弥补人形体上的某些不足。稳健、优雅、端正的姿势，敏捷、准确、协调的动作，反映了人的气质、精神和文化修养，所以就模特而言尤为重要。模特的基本姿态呈现在人们眼前时应该给人一种端庄、挺拔与高雅的感觉，给人以赏心悦目的美感。模特不能只有好的体形，而更应该有好的基本姿态。人的身体姿态具有较强的可塑性，也具有一定的稳定性，模特通过一定的训练可以改变诸多不良体态，如驼背、斜肩、含胸、探颈，行走时松垮、屈膝晃体、步伐拖沓等。基本姿态练习是对模特身体姿态进行系统的专门练习，以提高和改善模特身体姿态控制能力的重要内容。通过大量动作的训练，进一步改变形体的原始状态，逐步形成正确的站姿、坐姿、走姿，提高形体动作的灵活性。这部分练习应从严要求，持之以恒。

模特的站姿正确与否，直接关系到自身的形象。因此，每个模特都必须掌握优美的站姿。优美的站姿关键在于挺拔脖颈、肩背平展、收腹、立腰、收臀、膝关节伸直、身体重心向上，给人一种精神振奋之感。

优美的坐姿对于模特来说也是至关重要，要特别注意在社交场合入座和坐的基本姿势。入座要轻盈，起座要稳重，切勿急坐猛起。正确坐姿的关键在于腰，腰要挺直，始终保持端正姿态。上体自然直立，腰背部稍有前倾，臀部坐于椅子的中前部，稳稳地坐在椅子上。女模特两腿并拢，两脚平行。如将腿斜放时，把内侧的腿稍向后退一点，这样看起来更优美。

（二）体形美

模特的体形美主要体现在骨骼形态、头身比例、上下身差、肩宽、三围（胸围、腰围、臀围）等方面，具体要求为：人体骨骼发育正常、无畸形、身体各部位比例匀称。身体比例包括横向比例与纵向比例，其中横向比例包括头宽、肩宽、髋宽、“三围”等之间的比例。纵向比例包括头长、上下身长、总身长等之间的比例，头与身长的比例最好能达到1/8，即身长为8个头长。两臂侧平举伸展之长与身高值相近。腰围与胸围、腰围与臀围的比例以接近黄金分割率为最佳。颈部修长灵活，双肩对称；男模特胸肌结实有形，女模特乳房不下垂；腰部细而有力，臀部上翘不下坠；大小腿修长并且腓肠肌位置高。男模特强调肌肉线条及适度力量感，整个体形呈倒梯形。女模特强调线条流畅，整个体形呈S曲线型。由于不同时期，受地域、文化及国际流行趋势影响，对于模特的身材、气质要求也有所不同，目前也有部分设计师在挑选模特时，选择偏中性风格、胸部扁平的女模特。对男性模特的身材需求不再是“雄健”，而是身高适中、身材匀称、小腿修长、体脂较少，肌肉不需发达但要有型，呈小倒梯形。

二、模特形体测量方法

模特职业的特殊性，决定了其体型标准与普通人不同。模特形体美在于匀称、适度，即站立时头颈、躯干和脚的纵轴在同一垂直线上；肌肉富有弹性、线条流畅；皮肤细腻、有光泽、柔韧，肤色均匀。

当前社会上，人们往往误认为模特体重越轻越好。事实上，体重过轻与肥胖一样，都会对健康造成伤害。模特的形体美在很大程度上取决于身体各部位长度、围度及其比例关系。形体测量具体方法如下：

（一）身高

要求被测量者赤足，脚跟及身体的背部（包括腿、臀、腰、背、肩和头）全部紧贴墙站立，挺胸收腹，双眼平视，下颏不能上翘。从足底量起，测得头部最高点数据。依据目前国际模特身高标准，男模特身高为188（±2）厘米；女模特身高为178（±2）厘米。

（二）体重

测量时，被测量者只穿内衣，平稳地站在体重计上。测量误差不得超过0.5千克。（如果模特能自备体重计，坚持每天清晨空腹计量，是监控体重的较好方法）。

男模特体重标准为：(身高cm－80)×（60%~65%）=标准体重（kg）

女模特体重标准为：(身高cm－70)×（48%~50%）=标准体重（kg）

由于每个人的骨骼围度和密度以及脂肪、肌肉比例不同，标准体重±2%以内属正常范围，±2%以上为体重偏重或偏轻。

（三）脂肪厚度

测量时，被测者立姿，两臂自然下垂，测量者将其肩胛骨下角5厘米处皮肤和皮下脂肪与脊柱呈45°角捏起，用卡尺量得的数值即为脂肪厚度。一般正常人的脂肪厚度为0.5~0.8厘米。模特的脂肪厚度为0.2~0.5厘米。

（四）肩宽

肩宽即两肩峰之间的水平距离。肩宽约为胸围÷2-（3~5）厘米。

（五）胸围

被测者立姿，两臂自然下垂于体侧。皮尺在乳头上缘（女模特放在乳房上），水平围量一周，测出“安静时的胸围”（指尽量不要深呼吸）。

男性模特身高×50%×（95~100）%；

女性模特身高×50%×（93~98）%。

（六）腰围

身体自然站立，腹部保持正常姿势，暂停呼吸（尽量不要深呼吸），在肚脐上方最细部位围量一周。在正常情况下，测量腰的最细部位。一般腰围比胸围少20cm。

（七）上臂围（左右臂）

上臂围在肩关节与肘关节之间的中上部。被测者立姿，手臂伸直下垂于体侧，皮尺沿上臂最粗的部位围绕一周，测得放松时的上臂围。一般上臂围等于大腿围的一半。

（八）前臂围（左右臂）

直臂、腕关节伸直，前臂最粗部位围量一周。

（九）腕围（左右腕）

直臂，手指伸直，腕关节上两厘米处围量一周。

（十）臀围

立姿，两腿并拢，软尺在臀大肌最突出部位水平围量一周，测得臀围。

男性模特臀围应接近胸围；女性模特臀围与胸围相比不超于4厘米。

（十一）大腿围（左右腿）

两脚分开自然站立，间距约15厘米，测量点在臀部下方，用软尺量出大腿最粗部位的围度。一般大腿围较腰围小约12厘米。

（十二）小腿围（左右腿）

立姿，体重均匀分布在两腿上，用软尺量出小腿腓肠肌最粗处的围度。一般小腿围较大腿围小约18~20厘米。

（十三）踝围

测量踝关节上方最细部位，一般踝围较小腿围小约10厘米。

（十四）上下身差计算方法

上体长度=第七颈椎点至臀际线（臀部与大腿的连接线）；

下肢长度=臀际线至足底；

身长=第七颈椎点至足底。

上下身差一般有两种计算方法（表1-4-1）：

方法1：上、下身差=下肢长度（厘米）-上体长度（厘米），此种方法需分别量出上体长度和下肢长度。

方法2：上、下身差=下肢长度（厘米）×2-身长（厘米），此种方法只需以足底做起点向上至第七颈椎点测量身长，同时在臀际线位置确定下肢长度。

要求：在测量身长时，模特不能塌腰、翘臀，要保持腰背挺立状态。

表1-4-1

上下身差	女模特		男模特
下肢长度（厘米）-上体长度（厘米） 或下肢长度（厘米）×2-身长（厘米）	短	＜10厘米	＜8厘米
	中等	10-14厘米	8-12厘米
	长	＞14厘米	＞12厘米

由于人体呼吸或肌肉收缩时会产生部分形体数据的变化，例如呼气与吸气时，胸围与腰围会有明显差异；臀部、腿部肌肉绷紧或松弛时该部位数据会有变化；塌腰时上体长度和身差数值会有变化。所以，测量者应注意观察被测者的状态，及时提醒，予以调整。另外，笔者多年的经验总结，在招生考试或模特大赛的形体测量环节，为确保公平，在测量胸围、腰围部位时，应要求所有考生或选手吸气进行测量，因为胸围、腰围在吸气和呼气时差值较大，尤其是胸围，个别人差值甚至可以达到10厘米以上。吸气时胸围是最大值，腰围是最小值，虽测量数值不够客观，但能确保所有被测量者是同一标准，可以相对确保比较模特间形体测量数据时的公平性。

第五节　形体训练的注意事项

形体训练可增强体质，预防疾病，但如果不注意方式方法，有时会适得其反。在运动时要注意以下方面：

（1）时间：选择适宜的训练时间，训练前后一小时不要进餐，睡前不要运动。

（2）环境：尽量在专业的形体房或健身房进行训练，如自行补充锻炼，应选择适宜的环境，不要在空气不流通或人员混杂的地方进行。

（3）准备活动：运动前要热身，准备活动要充分，并做伸展肌肉练习，活动开各关节，能有效的预防肌肉的拉伤，减少运动伤害的发生。

（4）间歇：训练过程中，练习间隔时间不能过长。组内练习间隔时间以不超过30秒为宜。组与组间隔时间以脉搏速度恢复接近正常值或体温恢复接近正常值为宜，一般不超过2分钟。

（5）缓和运动：热身运动是为了让体温升高，而缓和运动则是为了要降低体温、缓和心跳，让紧张的肌肉放松，避免运动伤害。缓和运动可以做一些舒缓的舞蹈动作，大约持续3～5分钟。

（6）饮水：在训练中和训练后要注意补充适量的水。但要注意的是，运动过程中不宜大量饮水，如口干或口渴，可以漱口或者小口饮水。运动后也不要立即大量饮水，因为运动后肠胃功能变弱，对水的吸收能力较低。

（7）放松练习：练习后不要立刻休息，应做一些放松拉伸练习，调整呼吸。

（8）着装：服装轻便、舒适，适合大幅度动作。尽量穿棉质的、有弹性的紧身服装。棉质的服装有助于吸汗、透气；有弹性的服装有助于舒展动作；紧身服装可以使教师及时发现学生的形体问题及变化，以便为学生设计适合的训练方法。穿着运动鞋及棉质运动袜，应尽量避免穿着丝袜，因为丝袜易使脚下打滑崴伤，且丝袜不吸汗易产生异味。

（9）饰物：训练中尽量不带任何饰物，诸如项链、耳环、发饰之类，以免发生伤害事故。

（10）饮食：尽量吃新鲜、加热或常温的食物，少吃冰冷、辛辣的食物。要注意饮食营养的合理搭配。

（11）沐浴：可在练习后呼吸恢复正常且出汗已经停止后沐浴。

（12）坚持性：训练要有计划、有步骤地循序渐进，切忌忽冷忽热、断断续续。要持之以恒，力求系统掌握形体训练的有关知识和方法。

另外，在训练中及训练后还有一些现象需要引起重视：练习时正确的呼吸方式会减缓肌肉疲劳，因此每个动作都应配合正确的呼吸方式，即用力时呼气，放松时吸气；初学者出现肌肉酸痛、身体僵硬，属于正常现象，一般在一周左右就会适应，但如果在锻炼中突然出现剧痛，或在锻炼后出现单侧肢体或部位异常疼痛，应立即停止运动，找出原因，或请医生检查治疗；练习者应在注意体重变化的同时，关注自己身体各部位的围度变化，因为肌肉的比重比脂肪比重大，所以经常会出现经过阶段训练体重未变，但身材苗条匀称了一些的现象；如果是课外补充训练，时间最好在傍晚，因为晨练易导致白天学习疲劳；人体内的乳酸恢复要48个小时，所以对于没有减体重要求的模特来讲，可以隔天锻炼一次，每次锻炼的时间可以根据模特自己的时间和体力决定，但每次持续时间不得少于30分钟。

最后，还要重点强调的是热身练习的重要性。热身练习最主要目的就是为了加速脉搏、升高体温、拉伸肌肉，使机体从平静的抑制状态逐渐过渡到活动的兴奋状态。没有哪一种运动不需要热身练习，否则肌肉不但达不到预期的训练效果且容易受伤。热身练习可以提高深层肌肉的温度，让身体处于活跃的状态，除减少运动中可能发生的运动伤害，也可以让运动的表现更好。热身练习是比较缓和的运动，可以慢慢地提高身体的温度，让心跳缓缓增加，而不是直接进行剧烈的运动，让心脏增加过强负担。热身练习最好以慢跑、柔软体操、原地踏步操等方式进行，每次热身练习依据个人体能的不同，持续5~10分钟。通常刚开始接触训练的人，体能都比较差，应慢慢地从较简单、较轻松的热身练习开始做起，待体能进阶到更佳的程度，再渐渐增加热身练习的强度、难度和时间。热身练习可以促进生理调节，并且可以减少一些可能在运动中或激烈活动中发生的心血管不正常突发状况，可以使运动更安全。

思考与练习

1. 什么是形体训练？
2. 形体训练的特点有哪些？
3. 形体训练的作用包括哪些？
4. 热身练习的作用是什么？

基础训练

有氧练习

课题名称： 有氧练习

课题内容： 有氧练习的概念、基本内容

有氧练习的基本方法

课题时间： 4课时

教学目的： 让学生了解有氧训练基本常识，学习基本训练方法。

教学重点： 1. 了解有氧代谢原理。

2. 掌握有氧练习基本动作。

教学方式： 理论、实践教学

课前准备： 对运动生理学、运动训练学有一定了解。

第二章　有氧练习

第一节　什么是有氧练习

有氧运动(Aerobic System)也称有氧代谢运动，是指人体在氧气供应充足的条件下进行的有氧代谢活动，有氧运动所需的供能物质分别是糖、脂肪、蛋白质。有氧运动必须具备三个条件：运动所需的能量，主要通过氧化体内的脂肪或糖等物质来提供；运动时全身大多数的肌肉群（2/3）都参与；运动强度在低至中等之间，持续时间为15~40分钟或更长。有氧运动可以增强心血管系统和呼吸系统功能，充分酵解体内的糖分，预防骨质疏松，调节心理和精神状态。有氧运动可以增加活力、舒缓压力、放松心情。有氧运动的特点是负荷强度较低，运动持续时间较长，距离长、节奏强。有氧运动是通过多次反复和连续不断的运动，在一定时间内，以一定的训练强度和一定的速度完成一定的运动量，使心率逐步提高并保持在规定的范围内。有氧运动的好处是：可以让心脏更强壮，充分把充满氧气的血液输送到全身，减少心脏疾病及高血压的发生。有氧运动可以帮助燃烧体内多余的脂肪，燃烧脂肪需要氧气，有氧运动可以帮助身体处于“有氧”状态。

第二节　有氧练习的方法

进行有氧运动必须循序渐进，由浅入深，有氧运动的时间要慢慢增加，不要超过自身负荷。每个人的体能不同，不要用他人的运动方式作为自己的标准，而是逐渐地、不间断地增进自己的体能与耐力。

有氧运动的种类很多，可以是慢跑、骑车、跳绳、游泳、跳健美操、舞蹈、爬山、球类运动等，或是使用一些有氧器械包括划船机、跑步机、踩原地脚踏车等，选择一种适合自己并有兴趣坚持的运动来进行。为了达到有氧锻炼热身、减脂的效果，所选择的运动一定要能提高心率，如此才能达到有氧运动的功效。

进行有氧运动的时间可依个人体能状况而定，每次应持续30分钟以上。就运动强度而言，中等强度较为适合。从能量代谢的角度上看，中等强度运动可促使人体内的脂肪转变为游离脂肪酸进入血液，作为能源而消耗掉，即使没被消耗的游离脂肪酸也不再合成脂肪；中等强度运动并不增加食欲，可避免运动引起摄入更多能量从而加剧体内脂肪积存；由于每个人的身体素质不同，可以通过测量运动时脉搏速度找到适合于自己的中等运动强度，一般每10秒钟脉搏速度达到20~25次并保持10分钟以上，可以达到热身的目的。每10秒钟脉搏速度达到25~30次，并且至少保持30分钟以上不间断，感觉应该是呼吸急促，但不是呼吸困难。这基本上是属于中等运动强度。

有氧运动前应做准备活动和热身，要活动开关节并慢慢开始，例如选择跑步，应先慢跑，再逐渐加快速度。有氧运动后要做整理练习，这部分主要由柔韧性练习组成，是人体在有氧运动后的放松活动，有利于锻炼后的身体恢复。柔韧性练习的强度以感到拉伸肌肉有些许酸痛感即可，时间控制在5~10分钟，拉伸部位要全面，这样才能使全身心达到放松的效果。静态拉伸时，每个动作需要保持15~30 秒钟，同时要求深呼吸，提高人体摄氧量，从而达到放松肌肉的效果。

以下介绍几个有氧跑跳练习的基本练习动作，适合练习者在任何狭小空间独自完成。练习者可以在现有跑动、跳跃基础动作上增加手臂的各种摆动、屈伸，也可在此基础上增加身体的换向、换位移动，以使跑跳内容更为丰富。

练习一　原地弹性跑

预备姿势：站姿。

练习方法：

（1）原地放松跑：原地跑动，两臂前后自然摆动（图2-2-1）。

图2-2-1

图2-2-2

图2-2-3

（2）前踢腿跑：一腿落地时，另一腿伸直前摆，两腿交替（图2-2-2）。

（3）后踢腿跑：一腿落地时，另一腿屈膝后摆，两腿交替（图2-2-3）。

注意事项 做各种弹性跑时，膝关节要放松，有弹性地屈伸，踝关节用力，跑动有弹性，可结合手臂的摆动、屈伸等各种动作，也可换方向跑动进行。组合动作练习5分钟。

练习二 弹踢腿跳跃

预备姿势：站姿。

练习方法：

左腿小跳一次，右腿小腿屈，同时两臂胸前屈。接着左腿小跳一次，右腿向前踢，同时两臂向前推拳。然后换方向做（图2-2-4、图2-2-5）。

注意事项 动作轻松，小腿前摆有弹性，可结合各种方向手臂摆动或前后移动练习。组合动作练习5分钟。

练习三 交换腿跳

预备姿势：站立，两手叉腰。

练习方法：

两腿屈膝跳起，落成右腿屈膝支撑，左脚跟点地。接着跳起，两腿交换，左腿屈膝支撑，右脚跟点地（图2-2-6、图2-2-7）。

注意事项 动作有节奏感。可结合各种手臂变化动作练习。组合动作练习5分钟。

图2-2-4

图2-2-5

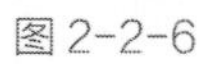

图2-2-6

图2-2-7

练习四　吸腿跳

预备姿势：站姿。

练习方法：右腿弹跳，左腿屈膝上抬，同时右臂胸前上摆，然后换方向练习（图2-2-8）。

图2-2-8

注意事项 弹跳腿膝关节要放松，有弹性地屈伸，踝关节用力，跳跃有弹性，可结合各种方向手臂摆动或前后移动练习。组合动作练习3分钟。

练习五　摆动跳跃

预备姿势：站姿。

练习方法：左腿小跳，右脚侧摆，同时右臂下举，左臂经过侧摆至上举。然后换方向做（图2-2-9、图2-2-10）。

图2-2-9

图2-2-10

注意事项　动作摆动有节奏、有力度。重复练习2分钟。

练习六　移重心跳

预备姿势：站姿。

练习方法：双腿跳起后向左移重心，左腿屈膝支撑，右脚伸直勾脚，脚跟点地，同时两臂摆成左臂胸前平屈，右臂侧举握拳，拳心向下。接着跳起还原。然后换方向做（图2-2-11）。

注意事项　两腿分开幅度尽量大。两臂肌肉适度紧张，动作有力。可结合各种手臂伸展、摆动、屈伸动作练习。

练习七　左右弓步跳

预备姿势：直立。

练习方法：两腿跳呈左弓步，上体左转，同时两臂经过左前摆至前斜上举，目视前方。接着跳起还原。然后换方向做（图2-2-12、图2-2-13）

图2-2-11

图2-2-12

组合动作练习3分钟。

注意事项　左、右弓步跳时，踝关节要有弹性。重复练习20次。

图2-2-13

思考与练习

1. 什么是有氧运动？
2. 为什么有氧运动的强度要采用中等强度？

基础训练

柔韧性练习

课题名称： 柔韧性练习

课题内容： 柔韧性练习的作用，柔韧性练习的基本方法

课题时间： 4课时

教学目的： 让学生了解柔韧性练习的作用，引起学生对柔韧性练习的重视；学习基本训练方法。

教学重点： 1. 了解身体各部位进行柔韧性练习可达到的作用。
2. 学习柔韧性练习动作方法。

教学方式： 理论、实践教学

课前准备： 对运动生理学、运动训练学有一定了解。

第三章　柔韧性练习

第一节　柔韧性练习的作用

柔韧性练习又称拉伸练习，可以使人体关节的灵活性及运动幅度得到扩展，提高韧带、肌肉的弹性和伸展能力，使举手投足能更舒展、更有效地展示动态美。

柔韧性练习助于肌纤维向纵向发展，使人体更挺拔、更优美。柔韧练习具有减少运动损伤，避免脂肪堆积，预防和矫正不良体态，防止生理病痛等重要功效。在柔韧练习中主要以肩、腰、胯、腿四个部位为主。肩部柔韧性练习可提高胸锁关节和肩锁关节的柔韧程度，直接影响着胸、背的舒展程度；腰部是躯干支撑的重要部位，充分拉伸练习不仅能预防生理病痛，同时也能提高人的高贵优雅的气质；髋部是躯干与下肢的连接部分，其灵活性对体态的完美起到了决定作用；腿部是支撑身体重量的主要部位，腿部的柔韧性对保持优雅的行走、腿部肌肉线形协调和站立姿态提供最有力的支持。

在有氧运动后做些适当的伸展性柔韧练习可以达到最好的拉伸效果，增加肌肉的柔软度，并减少运动伤害。柔韧性练习需要持之以恒，这样身体的伸展性会越来越好，柔软度越来越佳。柔韧性练习要求练习者将肢体各部位均“绷直”“拉长”“挺拔”，最大限度地延长肢体原有的线条，才能准确地完成动作。柔韧性练习的动作不同，练习的部位不同，但都是以加强肢体的表现能力，提高练习者动、静姿态的美感为宗旨。

第二节　柔韧性练习的方法

柔韧练习以静态方式的伸展动作为最佳，这样的方式可以增加身体的延展性。每一个伸展运动都应该有一定的持续，然后放松，深呼吸。注意，在做柔韧练习时尽量不要弹压和突然用力，以免造成运动伤害。

柔韧训练可以借助一定高度的物体(如把杆、椅子、墙面等)，或徒手进行练习，主要以压、倾、曲、摆等动作为主。

一、肩部柔韧练习

（一）正压肩

双脚开立同肩宽，上体前俯，沉肩，双手握把杠（或扶墙），练习时肩部向下做压振动作（图3–2–1）。

（二）拉肩

身体背对把杆，双手扶把，练习时下蹲呈反吊做静止练习（图3–2–2）。

（三）侧拉肩

盘腿坐立，背挺直。先弯曲左侧手臂，尽量放在头部后侧，右手拉紧左手向右下侧下拉（图3–2–3）。然后再慢慢放下做右手臂侧伸展练习，动作同左手臂（图3–2–4）。此练习也可站立进行。

（四）支臂拉肩

盘腿坐立，背挺直。双手交叉相握在胸前，手心翻转向前，并前伸手臂，身体保持不动（图3–2–5），充分伸展后双手由前向上，再向后用力，充分伸展肩部（图3–2–6）。此练习也可站立进行。

图3–2–1

图3–2–2

图3–2–3

图3–2–4

图3-2-5

图3-2-6

二、腰部柔韧练习

（一）俯压腰

双腿伸直，双脚绷脚面。双手握把杆，上体上抬、抬头、塌腰。练习时也可由他人帮助向下按压腰部（图3-2-7）。

（二）仰压

双脚开立同肩宽，一手握把杆，一手上举，上体后仰（图3-2-8）。

（三）侧压

双脚开立同肩宽，双手交握或握绳向上伸直手臂，大臂内侧贴近耳部（图3-2-9），身体侧压（图3-2-10），要求髋关节以下保持不动。

图3-2-7

图3-2-8

图3-2-9

图3-2-10

三、胯部柔韧练习

（一）盘坐体前屈

盘坐，两手扶住踝关节（图3-2-11）。上体慢慢前屈（图3-2-12），当屈至最大限度时，停5秒钟，还原。要求上体前屈时，尽量保持挺胸、立背姿势，腹部尽量贴近地面。重复练习8~12次。

（二）仰卧开胯

仰卧，两腿并拢伸直，绷脚面，两臂置于体侧，手掌平伸（图3-2-13）。

图3-2-11

图3-2-12

图 3-2-13

图 3-2-14

图 3-2-15

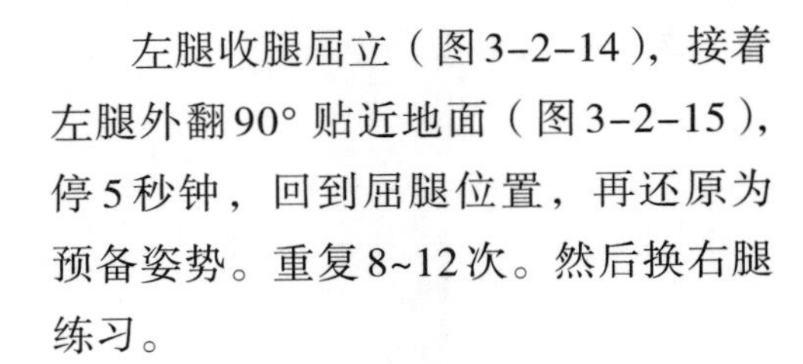

左腿收腿屈立（图3-2-14），接着左腿外翻90° 贴近地面（图3-2-15），停5秒钟，回到屈腿位置，再还原为预备姿势。重复8~12次。然后换右腿练习。

（三）推背开胯

练习者坐姿，两腿屈膝外展尽量贴近地面，脚心相对，双手握住踝关节，上体前伏，胸、腹、尽量贴近地面。协助者站在练习者的身后，双手放在练习者肩背位置向下压，一拍一动，重复练习20次。压至最大限度时，控制10~15秒（图3-2-16）。

（四）仰卧压膝

练习者仰卧，双腿侧开，足心相对。协助者在练习者脚前，两手轻轻按住练习者的膝部向下按练习者的双膝关节（图3-2-17），一拍一动，重复练习20次。压至最大限度时，控制10~15秒。要求练习者髋关节放松，双腿尽量侧展，协助者用力要适度。

图 3-2-16

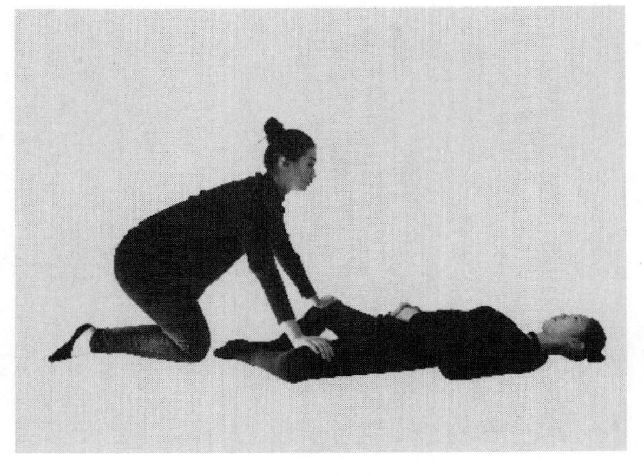

图 3-2-17

（五）双人对坐开胯练习

双人相对而坐，两人双腿都向两侧伸出，尽量打开，两人的双脚对齐贴住，上身保持端正姿势，双手放于身后（图3-2-18）。慢慢向内靠拢，两人双手放于对方肩上，尽量向里靠拢（图3-2-19），控制数秒。

（六）双人互拉体前屈

两人双腿并拢面对面坐，双足底相抵，双手互拉（图3-2-20），静止不动20秒。双腿分开，一人上体后倒于地上，另一人上体前屈（图3-2-21）。然后换方向练习。要求上体后倒时，臀、腰、背部和头均贴在地面上。注意两人双手不能松开，动作慢而匀速。重复练习12~16次。

图3-2-18

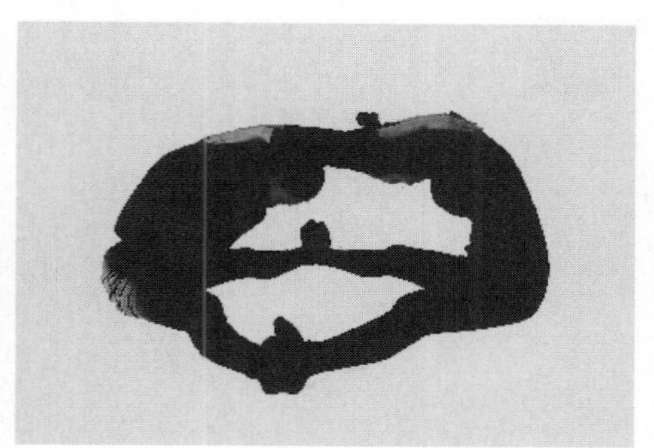

图3-2-19

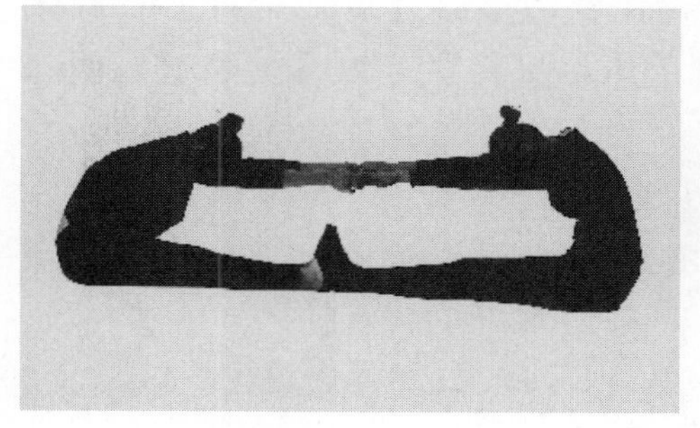

图3-2-20

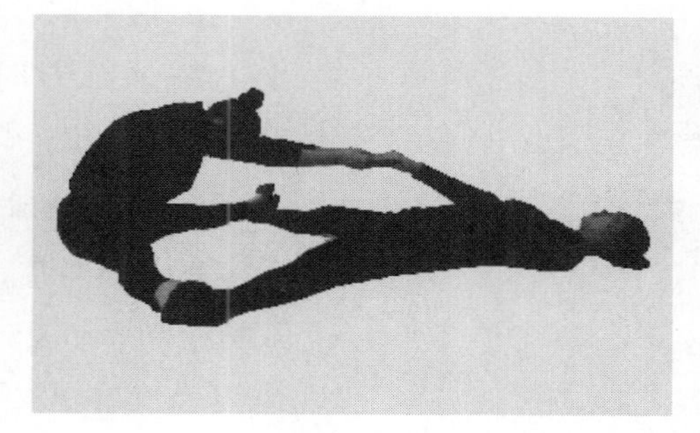

图3-2-21

四、腿部柔韧性练习方法

（一）前压腿

单手扶把，拉伸腿脚跟置于把杆上，绷脚尖，同侧手上举（图3-2-22）。练习时上体前压，腹部尽量贴近大腿，上举手尽量触及脚尖。

（二）侧压腿

身体侧对把杆，一手扶把，拉伸腿侧展，脚跟置于把杆上，绷脚尖，另一

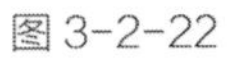

图 3-2-22

图 3-2-23

图 3-2-24

图 3-2-25

手上举，练习时上体侧倒，向把杆上腿的内侧屈压，上举手尽量触及脚尖（图 3-2-23）。

（三）后压腿

单手扶把，拉伸腿后举脚背放在把杆上，同侧手上举，练习时上体尽量后屈，以头去贴近后侧腿（图 3-2-24）。

（四）下前腰抱腿

上体下前腰，胸部及腹部贴近大腿，双臂尽力抱住双腿（图 3-2-25）。

（五）下叉

坐立，一腿在前伸直，绷脚，大腿尽力外旋，脚尖与两肩呈垂直线，另一条腿绷脚向体后伸直，两腿尽量平贴于地面呈一直线（图 3-2-26）。然后上身前俯，用小腹和下巴贴前侧腿，双手抱前侧腿伸拉韧带（图 3-2-27）。

（六）旁压腿

坐立，一条腿外展伸直绷脚，脚面与膝盖向正上方，脚尖与右耳对齐。另一条腿屈腿贴于地面，在体前贴近身体，两腿尽量开胯（图 3-2-28）。然后上身向伸

图3-2-26

图3-2-27

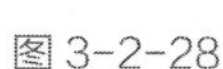

图3-2-28

图3-2-29

直腿侧下旁腰，用同侧肩、耳去贴近腿，另一侧手在头上方也用力去够伸直腿（图3-2-29），控制数秒，然后直身。

通过研究人体结构得知，影响柔韧素质的因素首先是骨关节面之间的面积差，差值越大关节的灵活性就越大，反之则关节的灵活性就越小。其次，关节囊的紧密度低和韧带的数量少者，柔韧性相对高些。再有，关节周围的肌肉和软组织的体积大者柔韧性会受到限制。了解这些因素，掌握发展柔韧素质的规律，正确运用练习方法。由于骨关节结构是先天形成，不易改变。后两个因素可以通过柔韧练习获得改进。

思考与练习

1. 柔韧性练习的作用是什么？
2. 影响柔韧素质的因素有哪些？

部位训练

女模特部位训练

课题名称： 女模特部位训练

课题内容： 女模特伸展性练习及形体各部位训练方法

课题时间： 24课时

教学目的： 通过练习，对女模特的各形体部位的形态进行改善，改善模特形体的控制能力。

教学重点： 1. 重视伸展性练习，避免受到运动损伤。

2. 掌握各部位训练方法。

教学方式： 实践教学

课前准备： 对运动生理学、运动解剖学、运动训练学有一定了解。

第四章　女模特部位训练

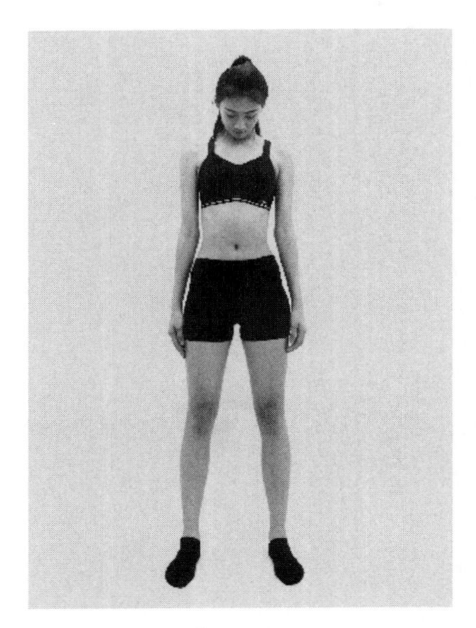

图4-1-1

部位训练是模特形体训练的重要内容。通过大量的练习，可以对模特的颈、肩、上肢、胸、背、腰腹、胯、臀、腿等部位形态进行改善，以提高模特良好的身形，改善模特形体的控制能力。形体的部位练习内容较多，在训练时，应本着从易到难，从简单到复杂的原则。同时也要注意自己的承受能力，不能超负荷，以免发生伤害事故。

第一节　伸展性练习

伸展性练习可以帮助练习者活动开身体各部位肌肉、韧带、关节，使肌体做好练习准备，避免受到运动损伤。下面介绍一套伸展性练习方法。

练习一　颈部前后伸展

（1）尽量低头，下颏贴近胸部，使后颈绷紧，4拍（指练习节奏，下同），还原（图4–1–1）。

（2）头部尽量后仰，下颏上提，拉长颈前部，4拍，还原（图4–1–2）。

重复练习4次。

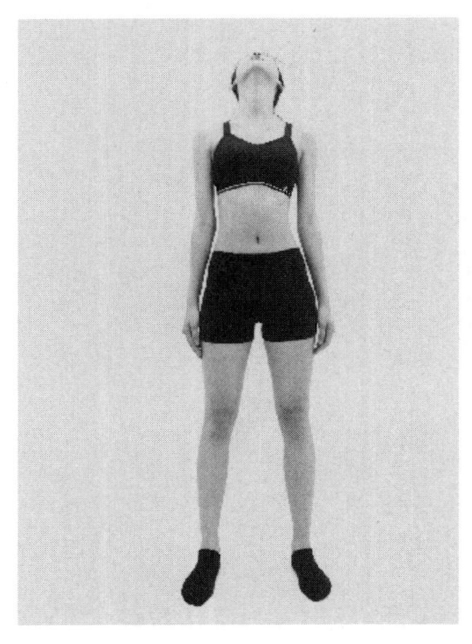

图4-1-2

练习二　颈部侧屈

（1）头向左侧屈，使颈右侧绷紧，注意不要耸肩，4拍，还原（图4–1–3）。

（2）头向右侧屈，使颈左侧绷紧，注意不要耸

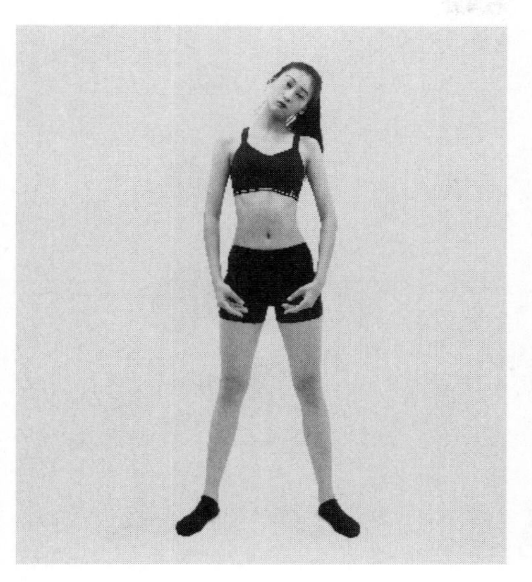

图 4-1-3

图 4-1-4

肩，4拍，还原（图4-1-4）。

重复练习4次。

练习三　耸肩

（1）左肩耸起，靠近左耳，注意不要歪头，4拍，还原（图4-1-5）。

（2）右肩耸起，靠近右耳，注意不要歪头，4拍，还原（图4-1-6）。

重复练习4次。

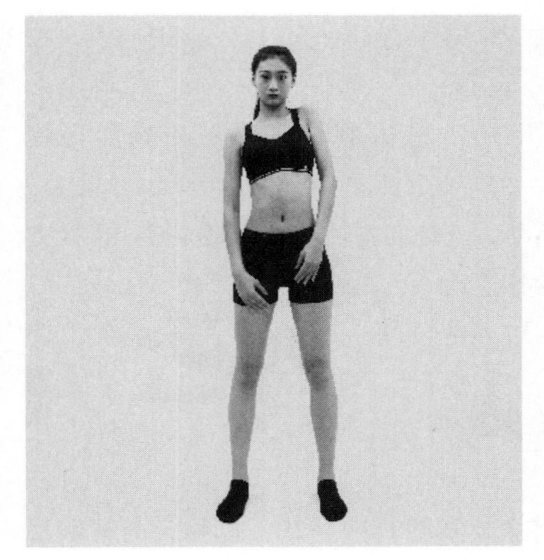

图 4-1-5

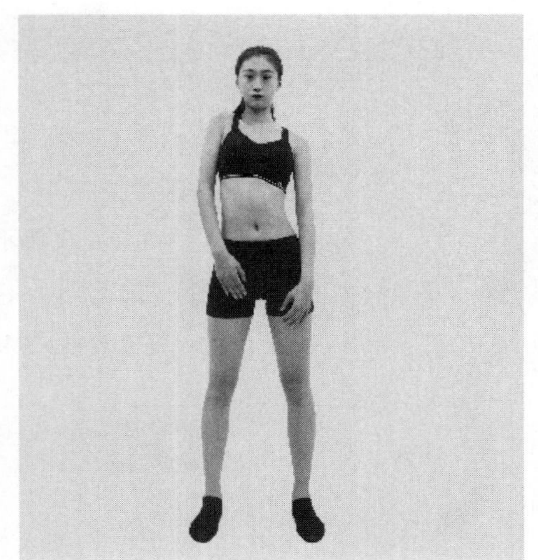

图 4-1-6

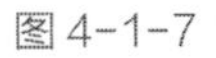

图4-1-7

图4-1-8

图4-1-9

练习四　体侧屈

（1）身体直立，手臂尽量上举，双手交握，向左侧屈体，振动4次（图4-1-7）。

（2）身体直立，手臂尽量上举，双手交握，向右侧屈体，振动4次（图4-1-8）。

重复练习4次。

图4-1-10

练习五　转体

（1）双腿开立，屈膝半蹲，双手在胸前环抱（图4-1-9）。

（2）双腿不动，上提向左侧充分扭转4拍。再换方向4拍（图4-1-10）。

重复练习4次。

练习六　组合

（1）身体直立，双腿自然分开，挺胸，两臂侧平举（图4-1-11）。

图4-1-11

图4-1-12

（2）体前屈，膝关节伸直，脚跟着地，双手平放在地板上，8拍（图4-1-12）。交替提踵，落脚，双手不要离开地板，8拍。

（3）双腿并拢，双手抱踝关节或小腿，上体尽量贴近双腿，8拍（图4-1-13）。

（4）手臂自然下垂，蜷身起（图4-1-14）。

（5）上体直立，还原呈基本站姿（图4-1-15）。

重复练习2次。

图4-1-13

图4-1-14

图4-1-15

第二节　颈部练习

一、颈部练习的作用

颈部包括颈椎和颈部周围肌肉群。模特通过颈部运动，可防止肌肉松弛和脂肪堆积，减少面部和颈部的皮肤皱纹（如双下巴、粗脖颈、脂肪重叠、皮皱等）。另外能促进头部的血液循环和颈椎的正常发育，增强颈部肌肉力量，使颈部挺直。还可预防和控制颈椎炎、骨质增生等症状。

二、颈部练习的内容

练习一　颈部前、后屈

预备姿势：站姿，挺胸收腹，腰背立直，目视前方。

练习方法：

（1）颈部前屈，即低头（图4–2–1），还原；接着颈部后屈，即后仰头（图4–2–2），还原。重复练习1×8拍。

（2）双手交叉握于颈后，用力将头慢慢拉向前屈，直到头部前屈至最大程度。然后头后仰，同时两手用力前拉，头对抗后仰。重复练习1×8拍（图4–2–3）。

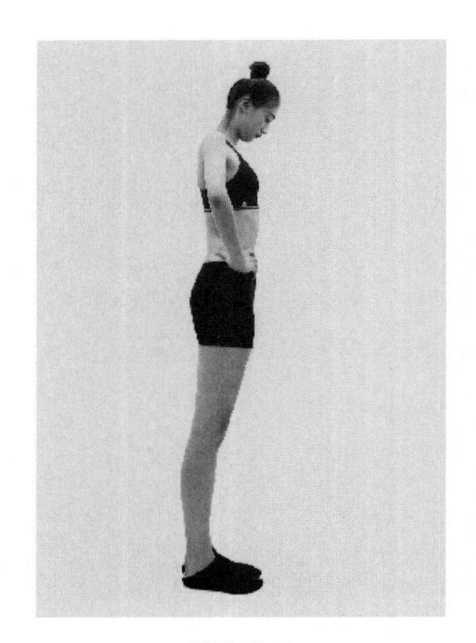

图4–2–1

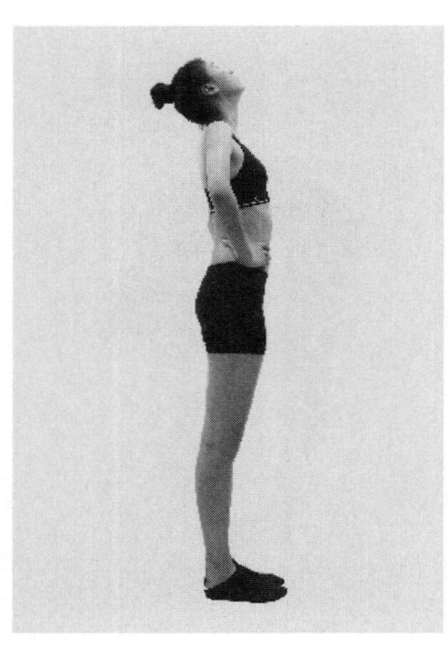

图4–2–2

图4–2–3

练习作用：经常练习可使颈部肌肉力量增强。

注意事项
（1）头颈自然放松，动作幅度尽量大，使颈部位肌肉充分伸展。
（2）练习时，动作舒缓，慢而匀速。重复练习。

练习二　颈部左、右屈

预备姿势：站姿，挺胸收腹，腰背立直，目视前方。

练习方法：

（1）头向左侧屈，耳部贴近肩（图4-2-4），还原；头向右侧屈，耳部贴近肩（图4-2-5），还原。

（2）左手按压右侧头部，将头往左侧施压，颈部肌肉适当用力对抗（图4-2-6），控制3~5秒后还原。然后换方向练习。

练习作用：经常练习可以使颈的各部位肌肉充分伸展。

注意事项
（1）头颈自然放松，动作幅度尽量要大。
（2）练习时，肩要下沉。重复练习4~8次。

图4-2-4

图4-2-5

图4-2-6

练习三　颈部转动

预备姿势：站姿，挺胸收腹，腰背立直，目视前方。

练习方法：

（1）头向左转90°（图4–2–7），还原；接着头向右转90°（图4–2–8），还原。

（2）头向左转，同时慢慢抬头（图4–2–9），控制5秒后还原。然后换方向练习。

练习作用：经常练习可防止颈部肌肉松弛，增强颈部肌肉弹性。

注意事项

（1）头要正，不要前倾或后仰。

（2）练习时，肌肉尽量放松。重复练习4~8次。

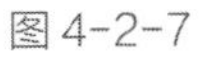

图4-2-7

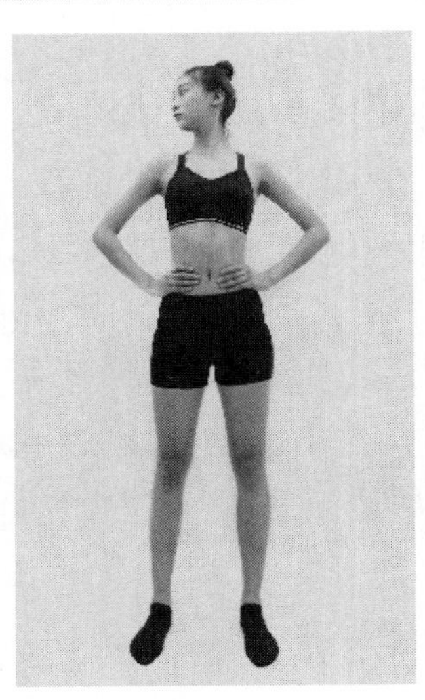

图4-2-8

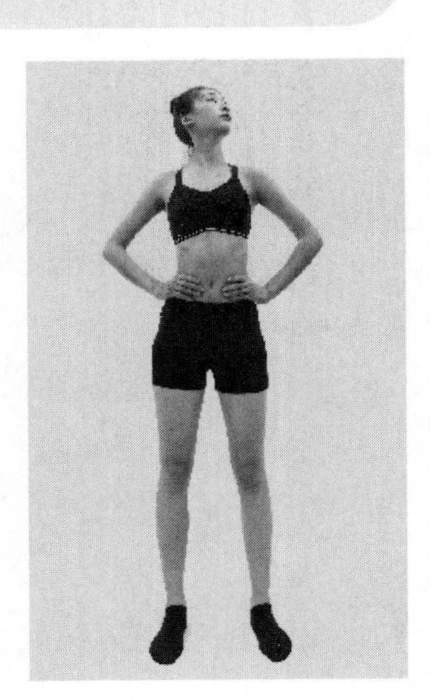

图4-2-9

练习四　颈部左、右平移

预备姿势：半蹲，两腿开立，双手叉腰，挺胸收腹，腰背立直，目视前方（图4–2–10）。

练习方法：头向左侧平移（图4–2–11），还原；接着头向右侧平移（图4–2–12），还原。

练习作用：经常练习可以增强颈部灵活性，增强颈部肌肉力量。

注意事项

躯干固定不动，两肩不要提起，上体不要左右摇晃。重复练习8~10次。

图 4-2-10

图 4-2-11

图 4-2-12

练习五　颈部前后平移

预备姿势：半蹲，双手叉腰，挺胸收腹，腰背立直，目视前方。

练习方法：头向前平移，下颏向前伸（图4-2-13），还原；接着头向后平移，下颏向后缩（图4-2-14），还原。

练习作用：经常练习可以增强颈部灵活性，增强颈部肌肉力量。

注意事项　头保持正直，动作幅度尽量要大。重复练习8~10次。

图 4-2-13

图 4-2-14

图 4-2-15

图 4-2-16

练习六　颈部半绕环及全绕环

预备姿势：分腿站立，两臂侧平举（图4-2-15）。

练习方法：

半绕环：前屈颈，然后左转颈部，再抬头，还原。然后换方向练习（图4-2-16）。

全绕环：头部从前屈开始，做经前、左、后、右360°的环绕动作（有向左绕环和向右绕环）。

练习作用：经常练习可增大颈椎的活动范围，预防颈椎增生及颈椎间盘突出。

注意事项　绕环幅度尽量做到最大，上体要保持正直，不要晃动。重复练习4~8次。

练习七　动作组合

预备姿势：两腿开立，双手叉腰，挺胸收腹，腰背立直，双眼平视前方。

练习方法：

【1×8】1、2拍，低头；3、4拍，还原；5、6拍，仰头；7、8拍，还原。

【2×8】1、2拍，左屈头：3、4拍，还原；5、6拍，右屈头；7、8拍，还原。

【3×8】1、2拍，左转头：3、4拍，还原；5、6拍，右转头；7、8拍，还原。

【4×8】1、2拍，左半绕环；3、4拍，还原；5、6拍，右半绕环；7、8拍，还原。

【5×8】向左绕环一圈。

【6×8】向右绕环一圈。

【7×8】1～4拍，点头4次；5～8拍，摇头4次，先左后右。

【8×8】按照前、左、后、右移动头部两次（前伸、后缩，左右平移）。

注意事项

（1）颈部要放松，各保持正确的姿势，尽量做到最大幅度。

（2）运动时下颏部先行，速度均匀、缓慢，有控制感。

前后屈颈时，应尽量深屈，但不可妨碍呼吸。

三、颈部问题纠正方法

颈短，主要是由于颈椎间韧带弹性差，或是颈部皮下脂肪较多，颈部肌肉群的力量弱，不能将颈椎有力地支撑的缘故。不但有损于人体外形的美观，而且影响颈部运动，使头部的活动受到限制，甚至引起颈椎损伤或骨质增生等病症。以下方法可加强颈肌的力量和颈椎间韧带的弹性，长久坚持练习，可以增加颈部长度。

练习一　头颈上伸

此练习可拉引颈肌群及颈椎间韧带。

预备姿势：站姿或坐姿，腰背立直，目视前方。

练习方法：在头顶上方悬挂一物品，距离头顶2厘米。尽量伸长脖子，用头顶接触物品，还原。练习15~20次。

注意事项

勿抬头或低头。上体直，尽量伸长颈肌，勿耸肩，还原时放松。

练习二　沉肩

预备姿势：站立，双脚并拢，腰背立直，目视前方，双手伸平，中指贴于裤缝。

练习方法：用力向下沉肩，感受双手下移2厘米，还原。练习15~20次。

注意事项　身体直立，不要含胸，注意力集中在肩部，还原时放松。

练习三　拉伸脖颈

预备姿势：两人一组，颈短者坐在椅子上，两手伸直用手抓住下边座板两侧，腰背立直，目视前方。

练习方法：辅助者双手托住短颈者下颏骨两侧轻轻向上提起，保持5秒钟，然后慢慢放松还原，帮助短颈者做拉伸动作。

注意事项　练习者颈部放松，不要僵直。辅助者力度适中，不要用力过快、过猛。

第三节　肩部练习

一、肩部练习的作用

肩关节是躯干和手臂进行运动的关键部位。肩宽窄适度，与人体总身高的比例匀称协调，可显得开阔、稳健而有朝气，突出体型的曲线美。三角肌环绕着肩关节，使手臂向前、侧、后运动，协调着肩部运动。模特通过肩部练习，可以增强肩部肌肉力量，增进肩关节的灵活性。经常练习可增大肩关节的活动范围，改善和预防肩部不良体态，增加肩部的宽度。掌握肩部的训练方法，可以端正仪表、增加形体的优美程度，同时还可以缓解肩部疲劳酸痛，预防和医治肩周炎，并促进头部、颈椎、胸部的血液循环。

形态较好的肩部应是平直不溜肩，允许看到锁骨，但不可骨骼过分明显，与髋关节和腰部之间比例适中。

图 4-3-1

图 4-3-2

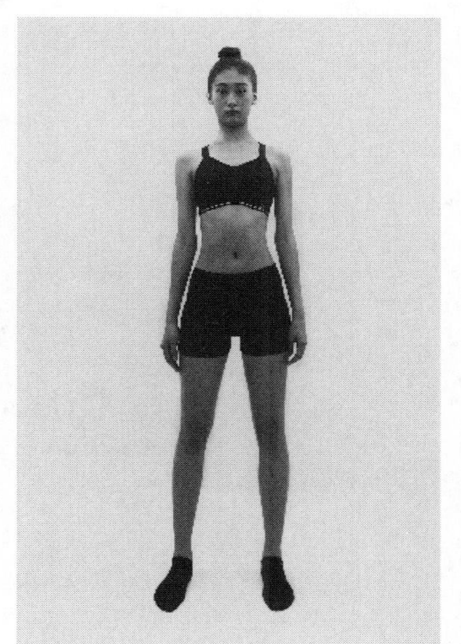
图 4-3-3

二、肩部练习的内容

练习一　振臂

预备姿势：分腿站立，两手握拳，一臂上举，一臂下垂（图4-3-1）。

练习方法：两臂依次上举后振（图4-3-2）。

练习作用：增加肩部灵活性及扩展程度。

注意事项　振臂时大小臂垂直，动作要有力度和弹性。重复练习8~10次。

练习二　肩部提沉

预备姿势：双腿开立，挺胸收腹，腰背立直，目视前方，双臂自然下垂于体侧（图4-3-3）。

练习方法：

（1）左肩上提，右肩下沉（图4-3-4）。然后右肩上提，左肩下沉（图4-3-5）。

（2）双肩同时上提（图4-3-6），然后同时下沉（图4-3-7）。

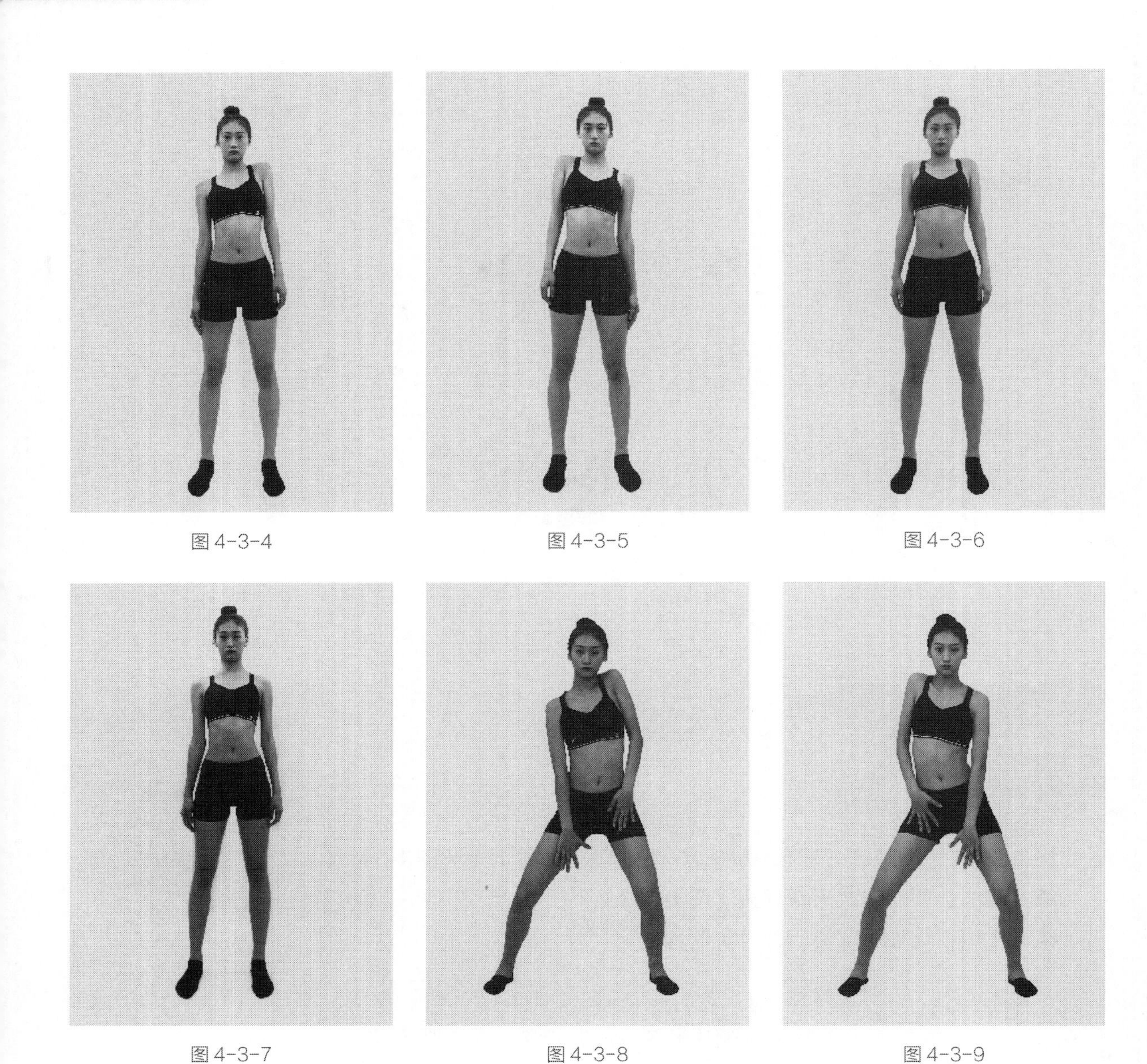

图 4-3-4　图 4-3-5　图 4-3-6

图 4-3-7　图 4-3-8　图 4-3-9

（3）双腿屈膝（膝盖、脚尖方向一致），同时双肩交替提沉（用肩带动手臂），直臂，五指分开用力，挺胸，立腰（图4–3–8、图4–3–9）。

练习作用：经常练习可预防和纠正端肩、斜肩的不良体态。

注意事项　双肩做最大限度的上提、下沉动作。重复练习 8~10 次。

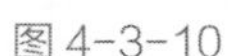

图4-3-10

图4-3-11

图4-3-12

练习三　转肩

预备姿势：分腿站立，两臂侧平举，左手掌心向上，右手掌心向下（图4–3–10）。

练习方法：右肩做内扣、左肩做外展的动作，换方向练习（图4–3–11、图4–3–12）。

练习作用：增加肩部灵活性及柔韧程度。

注意事项　两臂自然放松，不能耸肩，动作要有弹性，左右协调用力，幅度尽量大。重复练习8~10次，可变换节奏练习。

练习四　肩部绕环

预备姿势：双脚左右开立，双臂自然垂于身体两侧。

练习方法：

（1）左肩提起向前绕环，右肩不动，收腹，立腰，挺胸，头正（图4–3–13）；再提起向后绕环；换右肩练习。重复练习8~10次。

（2）双肩经前扣、上提，再向后后绕环360°（图4–3–14）。再做由后向前的反方向动作（图4–3–15）。重复练习8~10次。

（3）双腿盘腿坐，背挺直坐好，双臂屈肘，双手置于双肩，以肩为轴，经

图 4-3-13

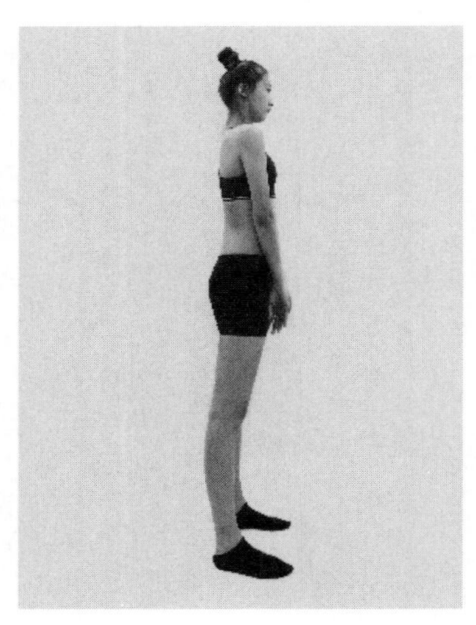
图 4-3-14

图 4-3-15

图 4-3-16

前向后绕环一周，再经后向前绕环一周。重复练习 8~10 次（图 4-3-16）。

练习作用：经常练习可增大肩关节的活动范围。

注意事项 绕环时两臂放松，速度均匀、连贯，幅度大。

练习五 站立扣展肩

预备姿势：分腿站立，两手叉腰。

练习方法：

两肩同时向内扣，含胸（图 4-3-17），然后两肩同时向外展，挺胸（图 4-3-18）。

练习作用：经常练习可预防和纠正背肩、扣肩等不良姿势。

注意事项 扣肩、展肩幅度要大，肩部要前后平动。重复练习 8~10 次。

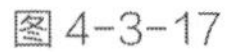
图4-3-17

图4-3-18

图4-3-19

练习六　半蹲扣展肩

预备姿势：练习者分腿屈膝站立，两手臂支撑在大腿上（图4–3–19）。

练习方法：左肩向前下内扣，上体随之前压，抬头、挺胸（图4–3–20），然后换右肩练习（图4–3–21）。

注意事项

分腿距离要大，两脚尖沿膝关节方向内扣，保持抬头、直背姿势，肩关节要旋紧。重复练习各10次。

图4-3-20

练习七　移肩

预备姿势：双脚左右开立，两臂侧平举。

练习方法：双肩向左侧平移，收腹，立腰，挺胸，头正（图4–3–22）。换反方向练习。

练习作用：经常练习可增大肩关节的灵活性，纠正扣肩。

上体不要随着肩部平移而晃动。

图4-3-21

图 4-3-22

练习八 组合练习

练习方法：

【1×8】1、2拍左右提肩；3、4拍，还原；5、6拍，左右沉肩；7、8拍，还原。

【2×8】1、2拍，双肩提肩：3、4拍，还原；5、6拍，双肩沉肩；7、8拍，还原。

【3×8】1、2拍，左右扣肩：3、4拍，还原；5、6拍，左右展肩；7、8拍，还原。

【4×8】1、2拍，双肩扣肩；3、4拍，还原；5、6拍，双肩展肩；7、8拍，还原。

【5×8】向前绕肩一圈。

【6×8】向后绕肩一圈。

【7×8】转肩。

【8×8】移肩。

注意事项

（1）做肩部练习时，应努力保持胸和脊椎的正确姿势。除注意动作方法外，还要注意动作的速度。

（2）注意发展肩的柔韧性和力量性。

三、肩部问题的矫正技法

（一）肩窄的矫正练习

如果肩太窄，则给人们纤细软弱、无力支撑头颈的感觉；穿着衣物显得空旷、拖沓，撑不起来。而且肩狭窄，会缩小胸腔体积，除影响外形美观外，更有害的是限制了心、肺内脏器官的功能。肩还是上肢负重的主要支撑部位，如果肩窄而下溜，会影响日常生活劳动中负重、攀登、上举等动作。

可采用下列练习：

预备姿势：两腿开立，腰背立直。

（1）站立，可双手持哑铃，两臂侧上举，下落。可增强三角肌力量。练习时上体要正直，侧举要到位，下落时要加强控制力。逐步加快速度。做10～15次为一组，共做3～4组。

（2）俯卧撑。可增强胸大肌、三角肌的力量。做时身体要平，勿塌腰、耸肩，腿伸直。如果力量不足，可以屈膝，小腿上举，膝盖撑地做10～15次为一组，共做3～4组。

注意事项　勿抬头或低头。上体直，练习时勿耸肩，还原时放松。

（二）肩过宽的矫正练习

肩过宽，超过适当比例，则不能突出胸的曲线美，外形也一样不美观。肩过宽的主要原因是，肩胛带较长，锁骨远端上翘，肩部周围的脂肪肥厚。及时采用正确的锻炼方法，使肩带肌群及上臂肌群拉长，缩小肩部脂肪的体积，可以改善肩过宽的现象。

可采用下列练习：

预备姿势：两腿开立，腰背立直。

（1）两臂侧屈肘，上举。以肩为主做动作，上体正直，要慢做。30次为一组，每次共做3～4组。

（2）两臂侧屈肘，同上节的准备动作。两肘带肩由侧向前、向上、向侧慢绕环。30次为一组，每次共做3～4组。

（3）两臂由下经侧向上举至两臂夹耳侧，手背相碰。再臂由上经侧慢慢下落（控制下落），还原。要求：侧举和下落时要保持臂伸直，上体要正，勿前倾、缩颈、低头，在动作过程中保持平面。幅度要大，要到位，要慢做。

注意事项　身体直立，不要含胸，注意力集中在肩部，还原时放松。

（三）高低肩的矫正技法

造成高低肩的主要原因是，经常用同一侧的肩背包，或手提重物，使一侧肩关节周围的软组织长时间地处于紧张状态，久而久之，肩部肌群紧缩，上臂肌群拉长而成斜肩。如果不及时纠正，还会进一步引起颈部向一侧歪斜，甚至造成脊柱向一侧弯曲等病症。除负重不平衡导致肩不平外，在日常生活或运动中，不注意保持正确的姿态，如站立时重心习惯偏向一侧，坐、卧时，习惯向一侧弯倾，久之因脊柱弯曲也会使肩一侧下垂而不平。

可采用下列练习：

预备姿势：两腿开立，腰背立直。

（1）两肩轮流上提，一肩提2次后换另一肩上提。做4个8拍为一组，共做3～4组。可加强肩部的血液循环，使肩部肌群新陈代谢旺盛，增强肌肉力量。做动作时上体正直，单纯是提肩动作，头、颈勿动，肩放松。

（2）两臂侧平举，向内和向外交替绕环。向内2个8拍后再向外绕环2个8拍。4个8拍为一组，共做3～4组。可增强肩臂肌肉群及胸、背肌肉群的力量，加快这些部位的血液循环。

注意事项

针对肩歪斜一侧可以手握小哑铃或一瓶矿泉水。做动作时注意力应集中，用力协调，放松，速度由慢逐渐加快，幅度从小到大，呼吸自然。另外平时有意识地将高侧肩沉下来，并改变拎重物，以及站、坐、卧用力，形成双侧用力习惯。

在动作过程中，容易引起肩带及臂部肌肉群酸胀，因此，做完练习后，必须做放松肌肉练习，及时缓解肌肉的紧张程度，使血液循环畅通。

第四节　上肢练习

一、上肢练习的作用

人们通过上肢完成各种劳作，另外通过丰富多彩的上肢动作表达情绪情感。上肢动作是通过肘关节的屈伸及手型的变化来实现的。上肢包括大上臂、前臂和手。上臂是由肱骨与附着的肱二头肌、肱三头肌构成；前臂是由尺骨、桡骨与其附着的小臂肌肉群构成；手是由很多小骨和小块肌肉群构成。它们通过肘关节、腕关节连接在一起，共同构成人体的上肢，通过肩关节与躯体的连接，构成身体的一部分。日常生活中，经常锻炼上肢，可减少臂部多余脂肪，增强上肢肌肉的力量，使使体型更为协调，体态更轻盈、敏捷。

上肢与上体相比围度适中，从肩关节至肘关节连线呈两条弧线（如过粗或过细上臂两侧的线条会呈直线），女模特允许有轻微的肱三头肌和肱二头肌，但不可肌肉过分发达。

二、上肢练习的内容

练习一　双臂绕环

预备姿势：盘腿坐，双手放于膝盖上，背挺直坐好（图4-4-1）。

练习方法：双臂向外推到最远，手腕立起，双手五指张开。以肩为轴，双

图 4-4-1

图 4-4-2

臂经后向前绕环一周，再经前向后绕环一周（图4-4-2）。

注意事项　绕环时，手腕带动手臂。重复练习20次。

练习二　内收小臂

图 4-4-3

预备姿势：盘腿坐，双手握拳向前伸直手臂，拳心朝上（图4-4-3）。

练习方法：上臂不动，小臂向上内收，形成屈肘姿势，拳心向内（图4-4-4），然后慢慢放下，还原成预备姿势。

注意事项　练习时上体不要前后晃动。重复练习30次。

练习三　双臂交叉上摆

图 4-4-4

预备姿势：盘腿坐，双臂伸直交叉于体前，双手指伸直，手心向内（图4-4-5）。

练习方法：双手慢慢向上摆动直至于头顶，保持手臂交叉（图4-4-6），然后慢慢放下，还原成预备姿势。

图4-4-5

图4-4-6

注意事项 手臂上交叉时，上臂内侧贴近耳部，手肘不能弯曲。重复练习30次。

练习四　屈臂外展

预备姿势：双腿半蹲开立，两臂自然下垂。

练习方法：

（1）两臂胸前上屈，双手握拳，拳心向内（图4-4-7）。

（2）两臂外展，体侧平屈，两小臂与地面垂直，拳心相对（图4-4-8），还原。然后换方向练习。

图4-4-7

图4-4-8

注意事项

练习时，上臂与地面平行，注意保持挺胸、收腹、立腰的身体姿势，手臂屈肘90°，动作要有力度和弹性。重复练习20次。经常练习可减少上臂多余脂肪。

练习五　屈臂交替转动

预备姿势：右腿微屈膝，向左顶髋，两臂屈臂侧举，掌心向下（图4–4–9）。

练习方法：

重心移至右腿，左腿微屈，向右顶髋，右前臂向上外转，掌心向上，左前臂向里转，掌心向下（图4–4–10）。然后换方向练习。

注意事项

收腹、挺胸、腰背挺直，手臂转动幅度要大。练习时可结合脚步移动或变换节奏练习。重复练习30次。经常练习可减少上臂多余脂肪。

注意事项

动作过程中始终保持挺胸、抬头。重复练习8~10次。

图4–4–9

图4–4–10

图 4-4-11

图 4-4-12

图 4-4-13

图 4-4-14

练习六　跪姿前移

预备姿势：两腿并拢跪撑姿势，上体前俯贴近地面，两手臂前伸（图4-4-11）。

动作方法：

（1）双臂前伸压肩，挺胸、抬头、塌腰，臀部翘起，使两肩和胸部尽量近地面（图4-4-12）。

（2）身体向前移动，臀部随之下落，逐渐用两臂将上体撑起并控制住（图4-4-13），稍加停顿后再按原路线返回。

注意事项

压肩时，做到最大幅度并控制住稍加停顿。肩臂和胸部贴近地面时。保持挺胸、抬头、臀部高上翘的曲线姿势。重复8~10次。

练习七　组合练习

预备姿势：身体直立，两臂自然下垂。

练习方法：

（1）以肩为轴，两臂同时向前摆至平举（图4-4-14），然后向后摆动到个人最大幅度。

（2）以肩为轴，两臂同时做向左侧摆动至水平位置（图4-4-15），再向右方向摆动。

（3）以肩为轴，两臂同时做一前一后摆动，一臂向前摆动至前平举，另一臂同时向右摆至侧后平举，掌心向下（图4-4-16）。

（4）以肩为轴，两臂侧平举后同时向内向下摆动，经腹前交叉至上举交叉（图4-4-17），然后两臂同时做向侧摆动至水平部位。

（5）分腿半蹲，两臂侧平举，右臂侧摆向上至上举，同时左臂下摆（图4-4-18）。然

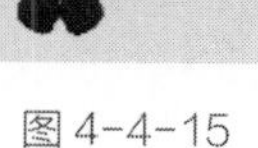

图4-4-15

图4-4-16

图4-4-17

图4-4-18

图4-4-19

图4-4-20

后换方向练习，还原直立。

（6）以肩为轴，两臂由内向外大绕环360°（图4-4-19）。

（7）以肩为轴，两臂由外向内大绕环360°（图4-4-20）。

（8）以肩为轴，两臂同时向后大绕环（图4-4-21）。

（9）一臂前上举，另一臂后下举，两臂以肩为轴，交替向后大绕环（图4-4-22）。

注意事项

身体要保持正直，肩关节放松，臂要伸直。为避免受伤，动作幅度要由小到大。手臂的各种绕环动作方向要正确，肩部充分放松，动作速度适中，不能过快。

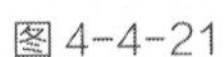

图 4-4-21

图 4-4-22

第五节　胸部练习

一、胸部练习的作用

女模特的胸部要左右大小相同、高低对称，坚挺有弹性。胸部是曲线美不可缺少的组成部分。加强胸部锻炼，可以提升心肺功能，使胸部更好地发育。

胸部由胸廓及其附着的肌肉构成。胸廓由1块胸骨、12块胸椎和12对肋骨借助韧带连结而成。其中12对肋骨呈向前和向外的弯曲状，使得胸廓内空加大，以保护胸腔内脏器官。附着肋骨的是胸小肌，它位于胸大肌的深层。胸大肌是从乳房向四周扩展的一层肌肉，与三角肌汇合在一起。女子在胸大肌的外层有丰实的乳腺组织，是女子丰满乳房的基础。胸部健美与否，可通过目视和测量胸廓来衡量。根据胸廓前后径和横径的大小，一般可将胸部形态分为正常胸、扁平胸、桶状胸、鸡胸、漏斗胸、不对称胸等。

加强胸部练习，不仅能改变含胸等不良形态，使扁平的乳房丰满而坚挺，造就优美的胸部曲线，而且更能使人挺拔向上，显示出自信、高雅的气质与风度。

二、胸部练习的内容

练习一　站立含、展胸

预备姿势：两腿开立，两臂垂于体侧。

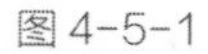

图4-5-1

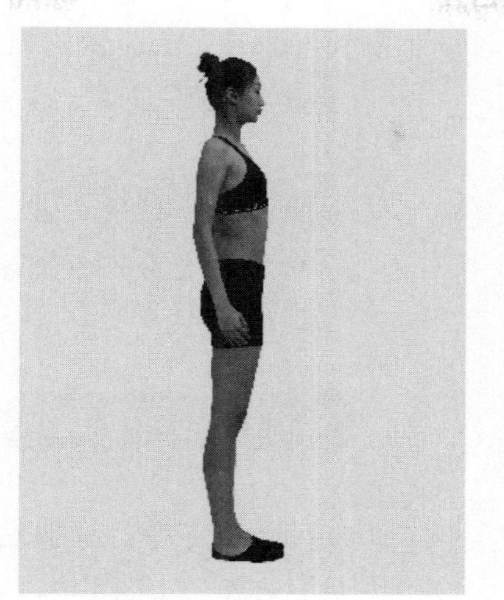

图4-5-2

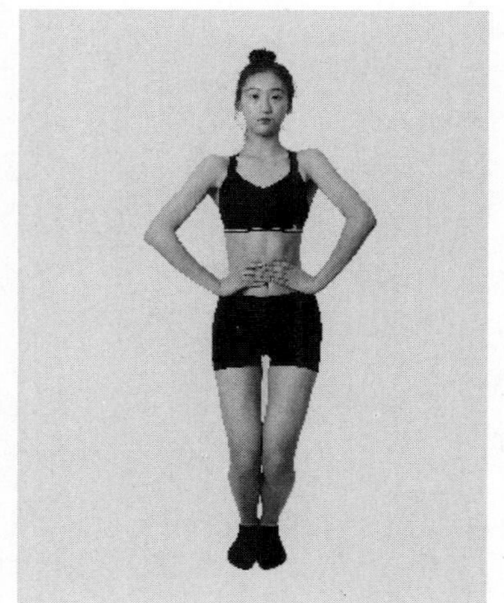

图4-5-3

练习方法：匀速挺胸，使肩外展，双手臂置于身后（图4-5-1），然后匀速含胸，使两肩内扣，胸廓内收（图4-5-2）。

注意事项　抬头，上体立直，不要随肩部动作前后摆动。重复练习20次。

练习二　半蹲含、展胸

图4-5-4

预备姿势：圆背半蹲，两臂内屈肘，两手叉腰（图4-5-3）。

练习方法：匀速挺胸，挺髋，双肩外展，双手肘置于身后（图4-5-4），然后匀速含胸，使两肩内扣，胸廓内收。

注意事项　挺胸时上体不要后仰。重复练习20次。

练习三　半蹲扩胸

图4-5-5

预备姿势：半蹲，两臂胸前平屈（图4-5-5）。

图 4-5-6

练习方法：快速挺胸，挺腰，同时两臂直臂后摆（图4-5-6），还原。

注意事项　速度均匀，动作稍慢有节奏，含、展动作充分。重复练习20次。

练习四　左、右摆胸

预备姿势：分腿站立，左手叉腰，右手扶头后，肘关节外展（图4-5-7）。

练习方法：腰部以下部位不动，胸部带着上体向右侧平移，还原。重复做一次，然后换方向练习（图4-5-8）。

注意事项　收腹、挺胸、腰背挺直。重复练习20次。

练习五　振胸

预备姿势：屈膝站立，双手叉腰（图4-5-9）。

图 4-5-7

图 4-5-8

图 4-5-9

练习方法：左小臂屈肘向上摆动，右小臂伸直向后下摆动，同时肩、胸经含后快速外展，然后换方向练习（图4-5-10）。

图4-5-10

注意事项

收腹、立腰、振动迅速，富有弹性，腿和头保持不动。可结合各种脚步的移动或变换节奏练习。重复练习20次。

练习六　跪姿俯卧撑

预备姿势：双手掌、双足尖撑地，身体呈斜直线（图4-5-11）。

练习方法：双膝撑地，屈肘，身体下落至大小臂呈直角（图4-5-12）。

注意事项

身体下落时，肘关节外开收腹，身体保持平直，不要低头、撅起臀部。重复练习10次。

图4-5-11

图4-5-12

三、胸部不良形态矫正练习方法

（一）胸部过小的矫正练习方法

胸部过小是由遗传、营养不良或女性荷尔蒙分泌不良等原因造成的乳房发育欠佳。采用以下的练习方法，可促进胸部的发育，以增强胸部肌肉衬托乳房，使其丰满。

练习一　仰卧夹胸

预备姿势：仰卧在垫子上，两臂侧平举，手持哑铃。

练习方法：两臂内收上举，夹胸，停3秒，再下落。

注意事项　上举时，手肘微弯曲，收腹，以胸部肌肉力量带动手臂。夹胸时吸气，外展时呼气。以每组做8~10次力竭为标准选择哑铃重量，做3组。

练习二　仰卧推胸

预备姿势：仰卧在垫子上，两臂侧屈立，手持哑铃。

练习方法：两臂上举，停3秒，再下落。

注意事项　上举时，收腹，以胸部肌肉力量带动手臂。上举时吸气，下落时呼气。以每组做8~10次力竭为标准选择哑铃重量，做3组。

练习三　站立含胸挺胸

预备姿势：身体直立，双腿并拢，挺胸收腹，屈肘并立，双手持哑铃于胸前。

练习方法：挺胸，两手持哑铃平行地面做两臂外旋，然后两臂内收含胸。

注意事项　尽量挺胸收腹，抬头。两臂自然放松，以胸肌为主动发力肌。每组做20～25次，做3组。

（二）胸部过大的矫正练习方法

女模特健美的胸部应该是适度丰满而不下垂，侧面观有明显曲线。胸部过大则往往是脂肪过厚所致。采用以下练习方法，可以减少胸部皮下脂肪成分，使结缔组织成分相对致密，同时也使肌肉结实有力。

预备姿势：身体直立，双手叉腰，腰背立直。

练习方法：

（1）含胸、低头，挺胸、还原。重复练习10次。

（2）以腰椎为轴，胸部依次前、后、左、右方向绕环。再反方向动作相同绕环，重复练习8次。

（3）拉胸：面对墙站立，两脚略分开，两臂上举扶墙，抬头挺胸，弹性下压，塌腰直膝，使胸部贴墙。重复练习10次。最后保持胸部贴墙姿势停数秒。

（4）扩胸：直立，两臂胸前平屈，两手半握拳，拳心向下，扩胸；两臂经前向侧，扩胸，重复练习10次。此练习可持重物做。

（5）提胸：站立，两脚同肩宽，两臂经前上举，抬头，提胸。重复练习20次，可双手持重物做。此练习也可以仰卧垫上进行。

（6）双手对抗：盘腿坐，两臂胸前屈肘，双手掌心相对，两手相互推动，胸肌紧收。重复练习10次。

注意事项　练习时，注意力集中在胸部，配合呼吸进行。

（三）胸部不对称矫正练习方法

不对称胸的形成有先天性和后天性两种。先天性不对称胸一般是遗传或病理性原因，应进行临床诊治，在医生指导下采用综合性手段进行康复。后天性不对称胸形成往往是由于职业特点或不良站、坐、卧姿及不对称用力所致，可以通过矫形练习加以改善。以下的练习内容既可按顺序做，也可以有选择性地单节进行；既可弱侧单独做，也可以两侧以不同负荷同时做。练习者可根据训练效果，随时进行内容、组合、数量和时间的调整。

练习一　斜撑墙臂屈伸

预备姿势：身体面墙直立。

练习方法：斜撑于墙壁上，双腿蹬地伸直，抬头、收腰腹。呼气伴随屈臂，身体前俯；然后吸气伴随撑起。重复练习10次。

注意事项　开始做练习时，离墙壁距离近些，随着练习次数增加，力量提高，逐渐拉开与墙壁的距离。此练习可改善两侧胸大小不对称问题。

练习二　仰卧单臂夹胸

预备姿势：仰卧在垫子上，需改善一侧胸部的同侧手臂侧平举，手持哑铃。

练习方法：手臂内收上举，夹胸，停3秒，再下落。

注意事项

上举时，手肘微弯曲，收腹，以胸部肌肉力量带动手臂。夹胸时吸气，外展时呼气。如为增加肌肉体积，以每组做8~10次力竭为标准选择哑铃重量，做3组。如为减小胸部体积，以每组做30次以上力竭为标准选择哑铃重量，做3组。

练习三　仰卧单侧提胸

预备姿势：仰卧在垫子上，需提升一侧胸部的同侧手臂伸直于体侧，手持哑铃。

练习方法：手臂经前上提至上举，停3秒，再回拉至体侧。

注意事项

上提时，手肘微弯曲，收腹，以胸部肌肉力量带动手臂。上提时吸气，回拉时呼气。此练习可改善两侧胸高低位置不同，以每组做30次以上力竭为标准选择哑铃重量，做3组。

第六节　背部练习

一、背部练习的作用

模特的背部是体现优美形体线条的重要部位。平直的背部、匀称的肌肉线条，可以充分体现模特的优雅气质。斜方肌位于背的上部浅层，向上构成了后颈，向下加宽了双肩，形成宽肩、平背，使背部形成美丽的线条，对比显示出腰部的纤柔。背阔肌为人体最大的一块阔肌，它加宽和加长了背部。还有一些小肌肉群肌肉，对固定背部骨骼起着十分重要的作用，经常针对背部进行练习，可以预防和矫正含胸、驼背姿势，减少背部多余脂肪，塑造背部肌肉线条，使形体挺拔向上，并最大限度地保证姿态端正和动作稳定。

二、背部练习的内容

练习一　俯卧上举臂

预备姿势：俯卧，两肘支撑上体（图4–6–1）。

练习方法：一肘支撑，另一手臂尽量向后上方伸直上举（图4–6–2），还原，然后换手练习。

注意事项　上体不能左右倒，手臂后上举幅度尽量大。双臂各重复练习20次。

图4-6-1

练习二　俯撑后仰

预备姿势：俯卧，双手屈肘撑地（图4–6–3）。

练习方法：两臂撑直，上体后仰呈最大反背弓，抬头，控制5秒，还原（图4–6–4）。

注意事项　动作过程中用力仰头，向后下腰。重复练习10次。

图4-6-2

练习三　俯卧抬上体

预备姿势：俯卧，两手上举伏于地面（图4–6–5），也可两手臂屈肘于肩侧。

练习方法：上体尽量向上抬起（图4–6–6），控制2秒，还原。

注意事项　用力逐渐加大，动作保持好节奏。抬上体时，两腿不能离地。重复练习10次。

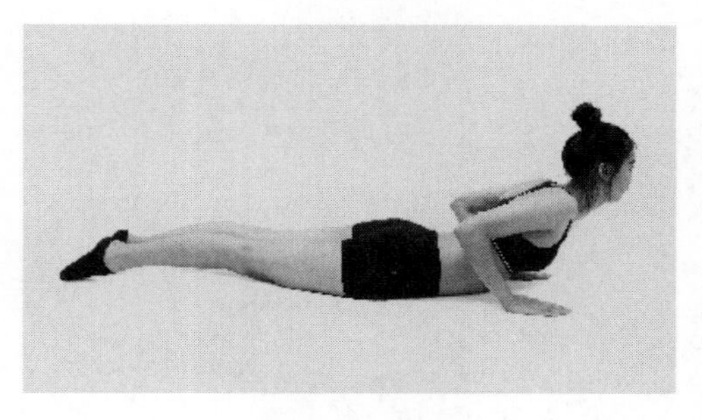
图4-6-3

图4-6-4

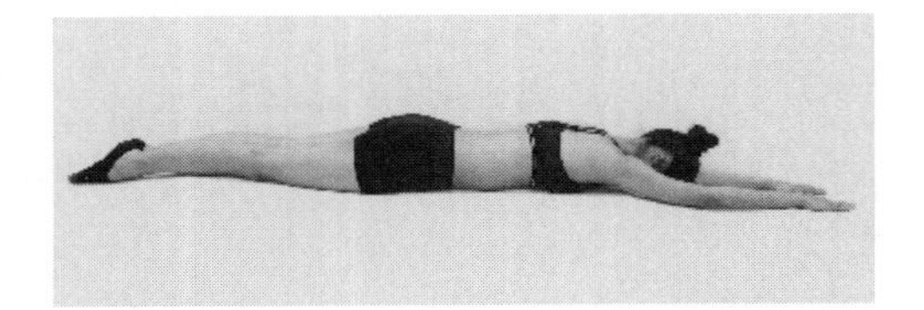
图4-6-5

图4-6-6

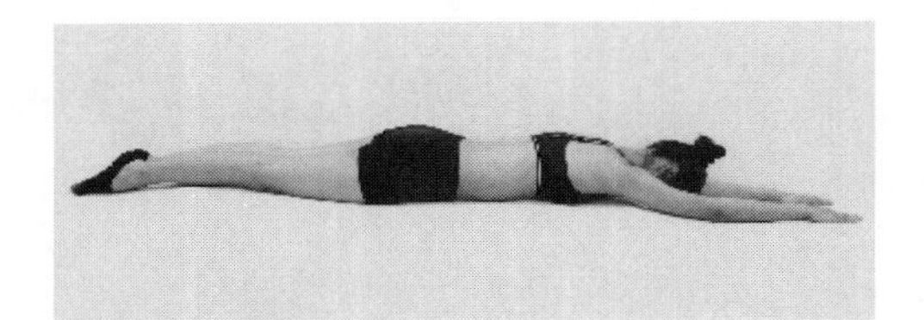
图4-6-7

图4-6-8

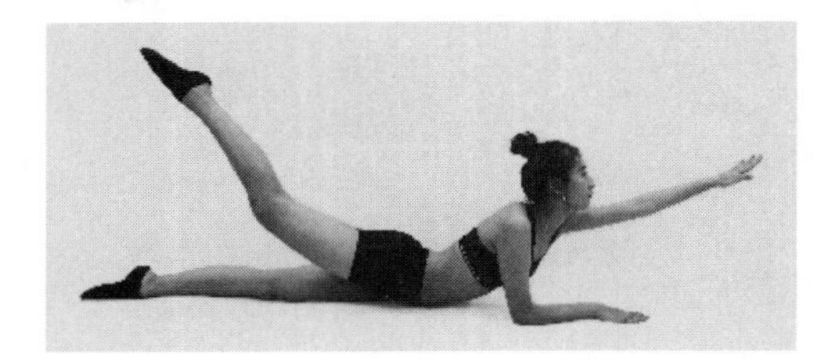
图4-6-9

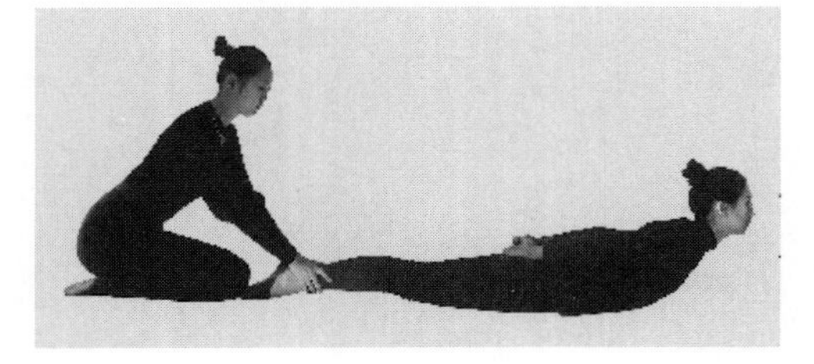
图4-6-10

练习四　俯卧两头起

预备姿势：俯卧，两臂伸直置于头部上方（图4–6–7），也可两手臂屈肘于肩侧。

练习方法：以髋关节、腹部为支点，腰背尽量用力，同时抬起上体和腿，完成两头翘起动作（图4–6–8），还原。

注意事项　腿直，臀部收紧，动作速度稍慢，上体和两腿尽量抬高，同时抬头挺胸。重复练习20次。

练习五　交叉两头起

预备姿势：俯卧，双手肘支撑上体。

练习方法：左手和右腿同时向上抬起（图4–6–9），再慢慢同时放下。换右手和左腿同时向上抬起。

注意事项　上下肢同时用力，动作协调。左右各重复练习10次。

练习六　腰背上抬练习

预备姿势：练习者俯卧于地面，双臂双手放在腰后，双腿伸直，辅助者双手压住练习者双脚（图4–6–10）。

练习方法：练习者上体尽量向上抬起（图4–6–11），然后再回俯卧姿态。

注意事项　练习时抬头挺胸，肌肉保持绷紧状态，有节奏的起落。重复练习20次。

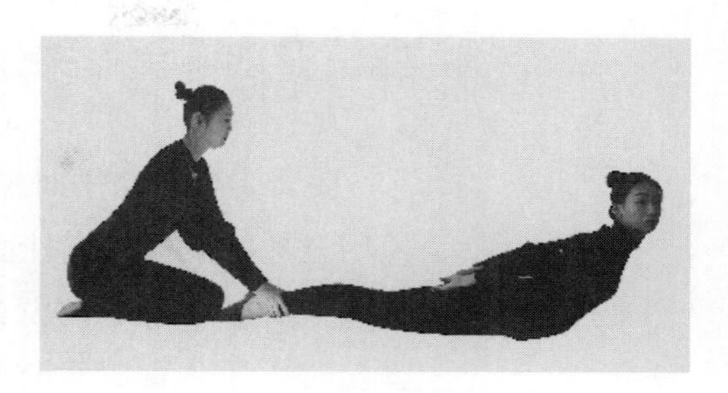

图 4-6-11

练习七　体前屈举臂

预备姿势：两腿开立，双手体后五指交叉握（图4–6–12）。

练习方法：上体前屈平行于地面，两臂伸直，双手用力向后上方上提至最高位置（图4–6–13），还原。

注意事项　双腿、双臂伸直，速度均匀。重复练习10次。

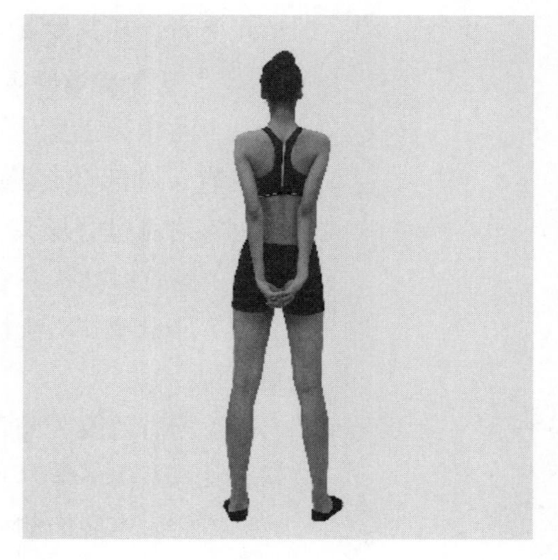

图 4-6-12

练习八　后撑下蹲

预备姿势：双手体后扶住固定可支撑物体，亦可是座椅。屈肘、屈膝下蹲（图4–6–14）。

练习方法：双腿支撑，双手臂撑起上体同时抬头挺胸（图4–6–15），然后下蹲还原。

注意事项　动作速度均匀。重复练习10次。

图 4-6-13

图 4-6-14

图 4-6-15

三、背部不良形态矫正练习方法

驼背多数是由平时经常低头、缩胸的不良姿势引起的。比如，看书写字时使用过矮的桌椅，脊柱前面的韧带就紧紧收缩，后面的韧带和肌肉就得放松，日久天长，背部肌肉就会变得松弛无力，形成姿势性的驼背。另外，还有很多模特由于从青少年时期身高普遍高于同龄人，从众心理导致驼背含胸，久而久之，既影响体型的挺拔健美，又在一定程度上妨碍心肺的发育。如不及时矫正驼背，任其发展下去，脊柱骨骼就可能出现结构畸形。

（一）日常姿态矫正方法

（1）注意端正身体姿势。平时不论坐姿、站立、行走，双眼要向前平视，脊背挺直，胸部自然挺起，两肩向后适度用力，肩背自然舒展，不含胸弯腰。看书写字时不过分低头，更不要趴在桌子上。

（2）睡觉时枕头不宜过高。

（3）尽量减少一次性拎、提、搬过重物品，可分多次搬运，以减少脊柱的过重负担。

（4）为有效改善驼背，建议睡硬板床。入睡前，在背后垫上高枕头，全身放松，让头后仰，胸部挺起，坚持10分钟。早上起床前再做1次，每天坚持。

身体前后方肌肉的力量平衡，纠正圆背。同时练习扩胸运动，可以增强两肩的肩胛骨向后靠拢的力量。

（二）练习矫正方法

（1）挺胸运动：站立，双手叉腰，挺起胸部，同时吸气，还原时呼气。做练习20次。

（2）抬头运动：俯卧，两手置体侧，抬起头部及肩部，同时吸气，维持10秒钟，放下时呼气。

（3）后举运动：俯卧，抬起头部和上胸部，两臂伸直向后举起，双腿尽量上抬，同时吸气，放下时呼气。

（4）扩胸运动：站立，两臂前平举。然后分别向左右挥摆，做扩胸动作，要求抬头，挺胸，收腹，踮脚。

（5）挺背运动：站立，两手轻靠在臀后，两肩及两上臂向后上方提拔，头同时向后仰，做挺背动作。

（6）拱背运动：仰卧，以双脚、双肘和头五点支撑，做上挺动作，挺时吸气，放下时呼气。

以上练习，每天早、晚各练习1次，长期持续进行。

纠正驼背还可以采用一些简单的方法：每天用一根木棍夹在背后两肘弯处，

挺胸行走5～10 分钟；或双肩后挺，将两手互握于背后腰际，每天步行5～10分钟；或头上顶书行走10分钟；坚持锻炼，即可收到效果。

第七节　腰、腹部练习

一、腰、腹部练习的作用

腰、腹部练习是形体训练的重要内容之一。腰、腹部力量的强弱，决定一个人形体控制能力的好坏和体型的优美程度。

腰、腹位于胸廓下和盆骨之间，是人体极易储存脂肪的部位，腹腔前壁由腹直肌、腹横肌、腹外斜肌、腹内斜肌四块肌肉组成。腹腔后壁主要由腰方肌组成。腹直肌、腹内斜肌、腹外斜肌主要起到完成收腹动作的作用，腹横肌能维持和增加腹压，保护人体内脏器官。经常进行腰、腹部锻炼，练就的肌肉可以对人体的内脏器官起到良好的支托作用，同时可以消耗多余的皮下脂肪，并能有效地防治慢性腰肌劳损、保护腰椎。腰、腹部训练的加强，是塑造和保持形体优美的关键。

女模特腰、腹部肌群从正面和背面看，身体两侧的腰线均成“X”形，且无脂肪堆积；从侧面看上下腹连线与腰背部的连线形成一个“V”字形，且侧腰部不能看到明显的脂肪。

二、腰、腹部练习的内容

练习一　侧屈腰

预备姿势：分腿站立，两手扶头后（图4-7-1）。

练习方法：

（1）向一侧屈上体，另一侧腰充分拉伸（图4-7-2），还原，换另一侧做。

（2）两臂上举，向一侧屈上体，另一侧腰充分拉伸（图4-7-3），还原，换另一侧练习。

注意事项　侧屈上体时手臂和上体在一个平面内，动作幅度要大。重复练习各10次。

图 4-7-1

图 4-7-2

图 4-7-3

图 4-7-4

图 4-7-5

练习二 上体扭转

预备姿势：分腿站立，半蹲，两臂抱肘于胸前（图4-7-4）。

练习方法：

（1）上体向左侧扭转，头随之转动（图4-7-5），还原。

（2）反方向练习。

注意事项

上体扭转时，两腿保持不动。体转时，要挺胸、抬头、立腰。可变换节奏和结合左、右迈步移动练习。扭转幅度尽量做到最大，也可两臂张开用力扭转摆动，帮助上体扭转。此练习也可手或肩负重进行。

练习三 转腰

预备姿势：两腿开立，上体前屈。

练习方法：以双臂带动上体，从左经后，再经右旋绕一圈，还原后再做对称动作。反复交替进行（图4-7-6~图4-7-9）。

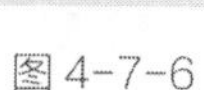
图4-7-6

图4-7-7

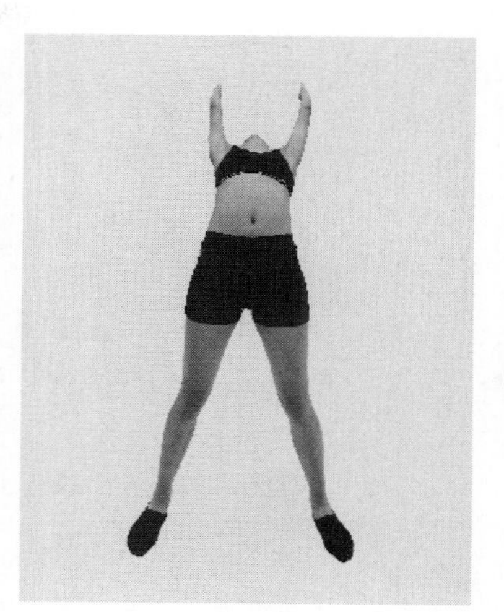

图4-7-8

注意事项　转腰时，肩要主动配合，头随手的方向。尽量做平圆、大幅度，两膝不能弯曲，两臂向长伸展。重复练习8次。

练习四　跪姿后下腰

预备姿势：跪立，上体正直，手臂上举（图4-7-10）。

练习方法：上体向后下腰，控制3~5秒，还原（图4-7-11）。

注意事项　下腰时要仰头。重复练习8次。

图4-7-9

图4-7-10

图4-7-11

练习五　跪卧挺腰

预备姿势：跪立，上体正直，两臂垂于体侧（图4–7–12）。

练习方法：臀部跪坐于脚踝处，上体后仰，平卧于垫上（图4–7–13）；向上挺腰立起上体（图4–7–14），还原。

注意事项　平卧时大小腿折叠，腰腹部发力带动上体挺腰立起。重复练习8次。

图4-7-12

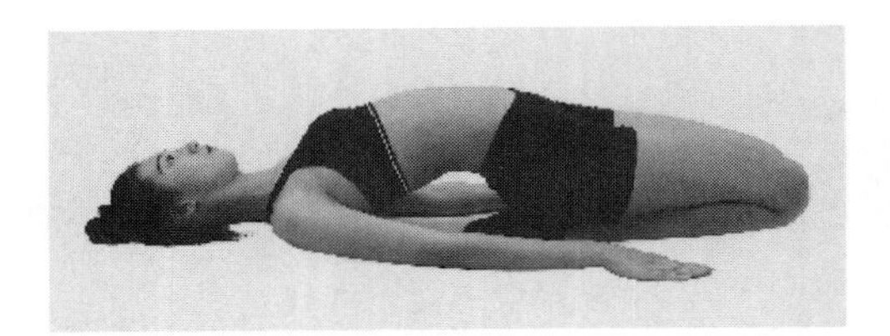

图4-7-13

图4-7-14

练习六　仰卧扭腰

预备姿势：仰卧，两腿并腿屈膝，两臂于体侧（图4–7–15）。

练习方法：两腿同时上抬于腹部上方后向左侧落腿，左小腿外侧贴地面（图4–7–16），还原；然后反方向练习。

注意事项　侧落腿时，双腿保持并拢，上体不要随着扭转。重复练习10次。

图4-7-15

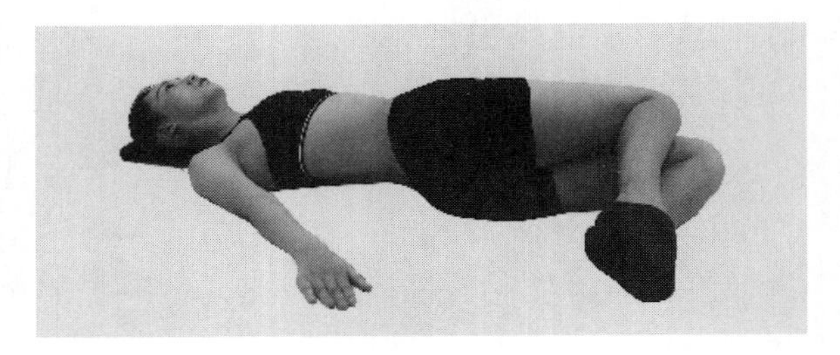

图4-7-16

练习七　跪撑提腰

预备姿势：跪撑（图4–7–17）。

练习方法：收腹、低头、吸气，尽量将腰背向上拱起图（图4–7–18）。然后腰部下塌，呼气、挺胸抬头，使后背呈凹形（图4–7–19）。

注意事项　拱背、塌腰做到最大幅度，可变换节奏练习。重复练习15次。

图4–7–17

练习八　仰卧抬上体

预备姿势：仰卧，屈膝，双手扶头（图4–7–20）。

练习方法：抬头收腹至背部离开地面45°（图4–7–21），还原。

注意事项　抬起上体时不要含胸低头，注意力集中在上腹部。经常练习可减少上腹部多余脂肪。重复练习20次。

图4–7–18

练习九　举手抬上体

预备姿势：仰卧，屈膝，两臂伸直头上交叉握手，上臂内侧在耳侧夹住头部（图4–7–22）。

练习方法：抬头收腹至背部离开地面45°，两臂前平伸，击掌5次（图4–7–23），还原。

注意事项　抬起上体时不要含胸低头，尽量用腹肌力量而不是利用惯性完成动作，重复练习20次。

图4–7–19

练习十　收腹抱膝

预备姿势：仰卧，两臂伸直上举（图4–7–24）。

图4–7–20

图 4-7-21

图 4-7-22

图 4-7-23

图 4-7-24

图 4-7-25

图 4-7-26

练习方法：收腹，吸腿，同时抬起上体，两手抱紧双膝，保持抬头、挺胸、腰背挺直的姿态（图 4–7–25）。

注意事项 动作速度不要太快。经常练习可减少上、下腹部多余脂肪。重复练习 20 次。

练习十一 双腿上下交叉

预备姿势：身体平卧，双手放于身体两侧，双腿并拢绷脚面。

练习方法：双腿同时抬起，离地面 45°，然后双腿互相上下快速交叉摆动（图 4–7–26）。

注意事项 膝盖不要弯曲，脚踝发力带动腿部上下摆动。重复练习 30 次。

练习十二　双腿交替蹬伸

预备姿势：身体平卧垫上，双手枕在头后，双腿并拢绷脚面（图4-7-27）。

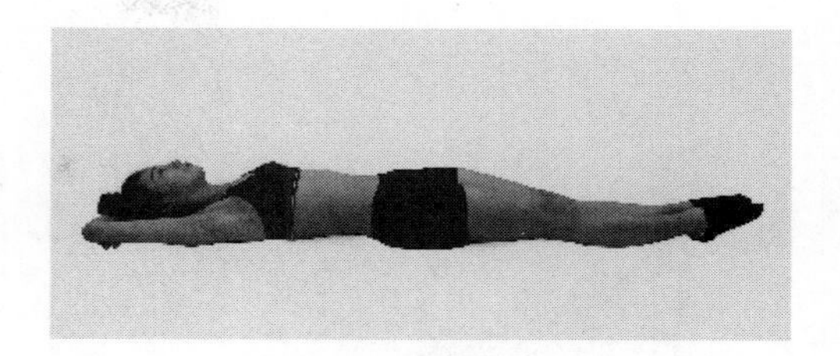

图4-7-27

练习方法：弯曲双腿于腹部上方，大小腿保持90°，小腿与地面平行（图4-7-28），先蹬伸出左腿，右腿保持屈膝（图4-7-29），然后再蹬伸出右腿，双腿交替进行。

图4-7-28

注意事项　下腹部用力带动腿部。蹬伸腿时，膝盖伸直。重复练习30次。

图4-7-29

练习十三　仰卧交换吸腿

预备姿势：仰卧，双手枕于头后（图4-7-30）。

练习方法：屈膝收左腿，同时上体抬起并右转，用左肘去靠左侧膝盖（图4-7-31），还原。然后换方向练习。

注意事项　吸腿时，大腿尽量靠近腹部，上体的转动要充分。重复练习各20次。经常练习可减少腹侧部多余脂肪，增强力量。

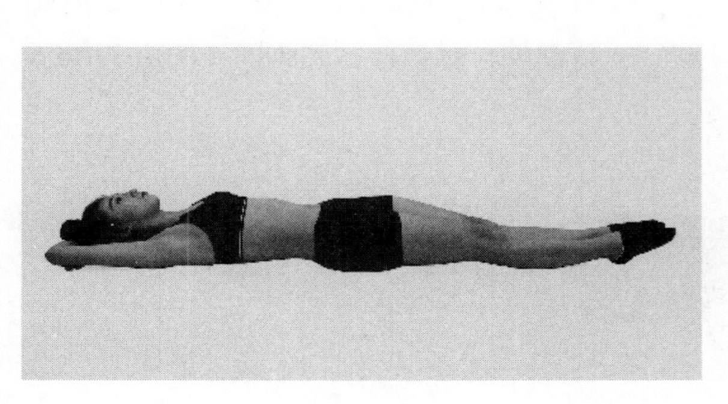

图4-7-30

图4-7-31

图4-7-32

图4-7-33

图4-7-34

练习十四　双腿上抬

预备姿势：双臂曲肘撑地，身体挺直，双腿并拢绷脚面。

练习方法：双腿伸直同时抬起，离地面45°，控制3秒钟，再慢慢放下（图4-7-32）。

注意事项　上抬时膝盖不要弯曲，下腹部发力带动双腿上抬。重复练习15次。

练习十五　绕腿

预备姿势：仰卧，两腿伸直上举，两臂侧平伸（图4-7-33）。

练习方法：以髋关节为中心，自右向左绕环，还原。然后反方向腿练习（图4-7-34）。

注意事项　上体及两臂不得移动或离地。绕腿时，膝盖伸直，绕环幅度尽可能大。重复练习8次。

练习十六　两头起

预备姿势：身体平躺地面，双手放于头部上方贴于地面，双腿并拢绷脚面（图4-7-35）。

练习方法：双腿并拢上抬，同时上体抬起，双臂前伸，尽量接触到脚面（图4-7-36），

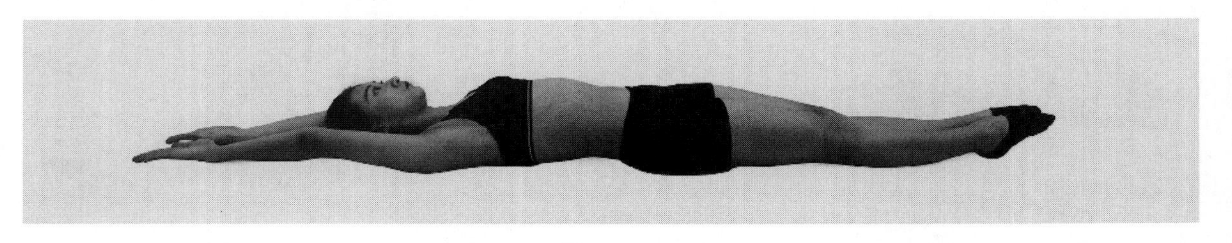
图4-7-35

然后再慢慢回原位。

注意事项 腿部和上体一定同时抬起，此练习要求上、下腹部同时协调用力。重复练习10次。

图4-7-36

练习十七 仰卧举腿后翻

预备姿势：仰卧，双腿屈膝并拢（图4-7-37）。

练习方法：下腹用力收腿并将腿部举起（图4-7-38），然后向后翻卷身体（图4-7-39）。

图4-7-37

注意事项 膝盖要适度弯曲，后翻时膝盖尽量靠近头顶，重复练习30次。

练习十八 双人仰卧举腿

预备姿势：练习者仰卧，双手抓住协助者脚踝部，协助者分腿立于练习者头的两侧，两臂伸直前平举（图4-7-40）。

练习方法：练习者两腿上举，脚尖触及协助者双手（图4-7-41），然后控制两腿轻轻落下。

图4-7-38

注意事项 练习者举腿要迅速，腿下落要由腹肌控制轻轻落下，膝盖伸直，脚面绷直。协助者可适度施力推动练习者的双脚。重复练习15次。

图4-7-39

图 4-7-40

图 4-7-41

第八节　髋部练习

一、髋部练习的作用

女模特优美的动作造型和T台上行走的动作姿态，都与髋部的灵活性、空间位置及用力的准确性密切相关。髋是由骨盆和体积较大的肌肉群组成。一般来说，女子髋部脂肪比男子厚。髋部柔韧性的优劣，会直接影响动作的舒展与优美程度。髋部柔韧性练习可以塑造臀部线条。模特经常进行髋部锻炼，可提高髋部灵活性。

二、髋部练习的内容

练习一　前后顶髋

预备姿势：双脚打开与肩同宽，双膝微曲，上体挺立，双手叉腰（图4–8–1）。

练习方法：

（1）臀部肌肉收紧向前顶髋，髋的下部前摆上提（图4–8–2）。

（2）腿不动，向后顶髋，髋的下部后摆上提，塌腰（图4–8–3）。

注意事项　上体不要随着顶髋前仰后合。

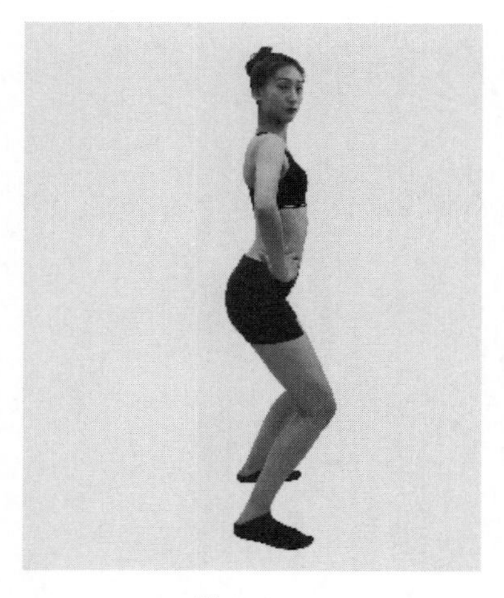

图 4-8-1

图 4-8-2

图 4-8-3

练习二　左右顶髋

预备姿势：双脚打开与肩同宽，身体挺立，双手叉腰（图4–8–4）。

练习方法：

（1）右脚点地，重心移至左腿，髋向左顶出，同时上体向右侧曲（图4–8–5）。

（2）换反方向练习。

注意事项　上体不要随顶髋动作左右摇晃。

图 4-8-4

练习三　左右提髋

预备姿势：分腿站立，两手叉腰（图4–8–6）。

练习方法：

（1）髋向左上方提，左脚跟提起，右腿不动（图4–8–7）。

（2）换方向练习。

注意事项　上体保持正直，重复练习20次。

图 4-8-5

图 4-8-6

图 4-8-7

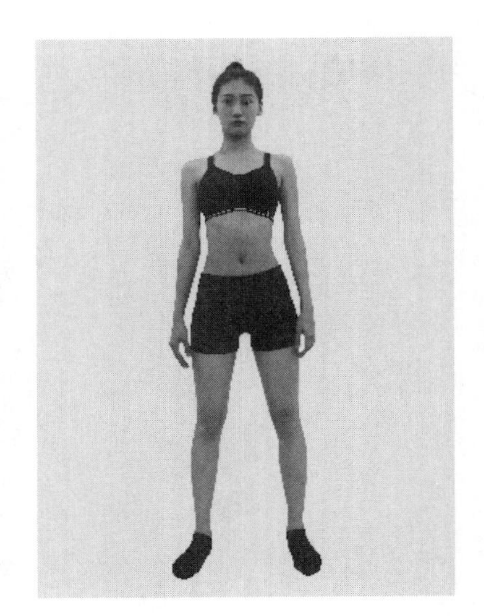

图 4-8-8

图 4-8-9

图 4-8-10

练习四　左右侧摆髋

预备姿势：分腿站立，两臂自然下垂（图4–8–8）。

练习方法：经屈膝半蹲，重心向左移，右脚侧点地，同时髋由右向左弧形摆至左顶髋，两臂体侧自然摆（图4–8–9）。然后换方向练习（图4–8–10）。

注意事项　髋的运动要在弧线内完成，摆动速度均匀，协调连贯，幅度尽量大。重复练习20次。练习时可结合手臂动作、移动步或变换节奏练习。

练习五　髋绕环

预备姿势：分腿半蹲，两手扶髋或举于头上。

练习方法：髋向前、左、后、右做水平的360°的水平圆周运动（图4–8–11），再反方向练习。

注意事项　上体不要晃动。

第九节　臀部练习

一、臀部练习的作用

臀部是人体体积较大的部位，臀部主要由臀大肌、臀中肌和臀小肌组成。臀大肌覆盖在大腿后部肌肉的上部，能使大腿伸、外展和内收，使骨盆后倾。臀中肌一部分在臀大肌的深层，一部分位于臀部的上部和侧面。臀小肌位于臀大肌和臀中肌的深层。

女模特臀部应挺翘、圆润、结实。从侧面看，臀部圆润、高翘，但又不过分圆鼓，与大腿后侧形成平滑匀整的过渡；从背面看，无明显臀纹线。

图4-8-11

二、臀部练习的内容

练习一　仰卧顶髋

预备姿势：仰卧，屈膝，两臂置于身体两侧（图4–9–1）。

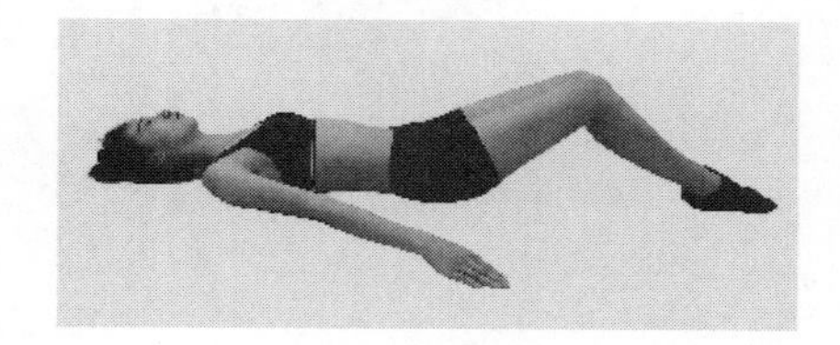

图4-9-1

练习方法：臀部肌肉用力收缩，同时向上顶髋至最高点，控制1~2秒（图4–9–2），接着臀部下落还原。

图4-9-2

注意事项　此练习可紧实臀部，去除多余脂肪。重复练习30次。

练习二　顶髋收腿

预备姿势：仰卧，分腿屈膝同肩宽，两臂置于身体两侧，臀部肌肉用力收缩，同时向上顶髋至最高点，保持不动（图4–9–3）。

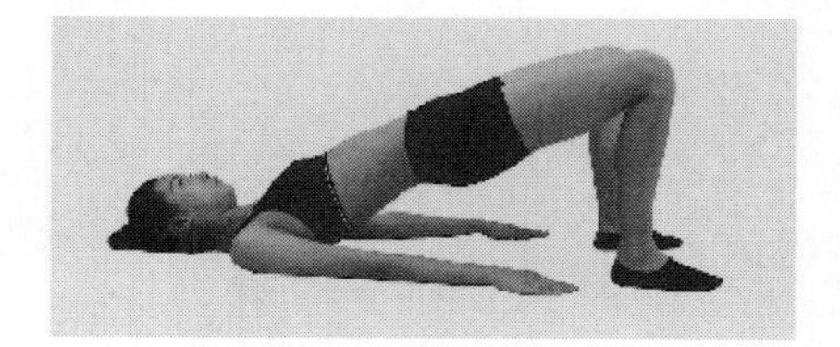

图4-9-3

练习方法：膝关节向内收，膝盖靠拢后接着向外分开（图4–9–4）。

图4-9-4

图4-9-5

图4-9-6

图4-9-7

图4-9-8

注意事项　髋部一直保持挺立不下落。挺髋时，臀部肌肉收紧。经常练习可减少臀部多余脂肪，使臀部肌肉结实、有弹性。重复练习30次。

练习三　屈膝上抬腿

预备姿势：跪姿，双掌撑于地面，目视前方（图4-9-5）。

练习方法：左腿支撑，右腿保持大小腿屈膝，慢慢抬起直至超过臀部水平位置（图4-9-6），然后慢慢放下，重复练习30次后换右腿，重复上述动作。

注意事项　抬腿时，上体不要随着扭转。

练习四　跪撑侧举腿

预备姿势：跪撑，身体保持平直（图4-9-7）。

练习方法：左腿支撑，右腿伸直向侧外开上举至最高点（图4-9-8），还原。重复练习20次后换左腿练习。

注意事项　练习时抬头，动作过程中身体保持平直，不要左、右晃动。

练习五　俯卧后抬腿

预备姿势：俯卧，两腿并拢伸直，两臂上举（图4-9-9）。

图 4-9-9

图 4-9-10

练习方法：左右腿依次后抬腿，臀肌收紧（图4-9-10）。

注意事项

后抬腿时，头部不要抬起，腿要直臀部肌肉带动腿上抬。重复练习左右腿各30次。经常练习可去除多余脂肪，使臀部上提，同时可以紧实背部和大腿后群肌肉。

练习六　跪撑后抬腿

预备姿势：跪撑（图4-9-11）。

练习方法：右脚屈膝撑地，左腿伸直，脚面绷直，向后上方直膝上抬至最高（图4-9-12），还原。重复练习20次后，换右腿练习。

注意事项

向后上方上抬腿时，上体保持平直。膝关节屈膝收腿尽量靠近胸部，后抬腿时抬头、挺胸、动作幅度要大，在动作过程中脚面始终绷直。

图 4-9-11

图 4-9-12

图 4-9-13

图 4-9-14

练习七　跪撑后伸腿

预备姿势：跪撑（图4-9-13）。

练习方法：左腿支撑，右腿保持屈膝，脚面绷直，向后上方用力上举至最高，然后不要还原，而是当膝盖位置下落至低于臀部水平位置时，再迅速上抬（图4-9-14）。重复练习30次后，换左腿练习。

注意事项　屈膝向后上方上举时，上体保持平直。后举腿时抬头、挺胸、上举动作幅度要做到最大，上举时膝盖高度越高于臀部高度，提升臀部效果越好。在动作过程中脚面始终绷直。

练习八　左右移臀

预备姿势：跪立，两臂侧平举（图4-9-15）。

练习方法：向左移动臀部，坐于两脚的左侧（图4-9-16），还原。然后换方向练习。

注意事项　上体保持正直，臀部左、右下坐时速度不能太快，重复练习左右各15次。

图 4-9-15

图 4-9-16

三、臀部不良形态矫正练习方法

（一）臀围过小的矫正练习方法

臀围过小是指下半身显得瘦弱，臀部围度与身体其他部位的比例不协调。造成这样的体型，除了遗传的原因外，大部分都因为臀部、腿部肌群缺少锻炼，发育滞后造成。为此，解决问题的办法，就是加强下肢的锻炼。

1. **深蹲**　两脚开立与肩同宽，双手持重物或双肩负重，重心在两脚之间。负重量以练习6~8次力竭为标准。保持重心，慢慢下蹲至最大限度再慢慢起来，两膝向前。要求：完成动作时要求下蹲速度稍缓，立起速度稍快、立腰、直背。

2. **跪撑负重上举腿**　右腿支撑，左腿保持屈膝，脚面绷直，脚踝处绑缚沙袋，向后上方用力上举，还原。沙袋重量以重复练习8~10次力竭为标准，换右腿练习。抬头、挺胸、上举动作幅度要做到最大，在动作过程中脚面始终绷直。

（二）臀围过大的矫正练习方法

臀部是人体活动相对较少的部位，所以也是脂肪最易堆积的部位。臀围较大，使部分女模特为之烦恼。

方法一：俯卧，身体和两腿同时用力上抬，呈两头翘起的姿势。重复次数：连续练习30次。要求：膝关节伸直。

方法二：站立，两手扶住膝关节高度以上肚脐高度以下的把杆或台面，左腿支撑，右脚伸直后点地。左腿不动，右腿向后快速大摆腿，然后还原。重复次数：左右腿各30练习次。要求：后摆时，要塌腰、抬头、两臂不弯曲。

（三）臀部下垂的矫正练习方法

锻炼不足，容易导致臀部下垂，下面这个练习可以直接有效地解决这个问题。

跪撑，然后左腿屈膝向后上方举腿，脚面绷直，还原。重复练习30次后，换右腿练习。要求屈膝向后上方上举时，上体保持平直。膝关节屈膝收腿只要膝盖低于臀部高度即可，后举腿时抬头、挺胸、上举动作幅度要做到最大，上举时膝盖高度越高于臀部高度，提升臀部效果越好。在动作过程中脚面始终绷直。

第十节　腿部练习

一、腿部练习的作用

职业特点要求模特的双腿不能过细或者肌肉过于发达。由于模特身高高于常人，上下身差要求优于普通人，同时体重指标及身体各部位围度值较低，所以腿部形态上存在的问题很容易凸显，模特经常进行腿部锻炼，可以减少腿部脂肪堆积，加强腿部肌肉力量，改善O形腿，X形腿，保持腿部围度及形态适中。

腿部，包括大腿、小腿和足。大腿是由股骨及附着其上面的肌肉群构成，大腿肌肉的强健对塑造臀部的线条，维护骨盆和脊柱的位置以及增强骨盆底肌肉力量有很大益处；小腿是由胫骨、腓骨及附着其上面的肌肉群构成；足是由很多小骨及与附着在它上面的小块肌肉构成。这些肌肉群可使大小腿及足在各个角度进行运动。总之，腿是人体支撑和一切运动的基础，是人体线条美的重要组成部分。腿部肌肉锻炼可以增强全身血液循环，加强髋关节、膝关节、踝关节的坚固性和灵活性，能使体形更加健美，也会使模特的步履充满活力。

女模特的腿应该是发育均衡、无畸形。从正面看，由髋关节至膝关节应有因股四头肌的突起而形成的一条上端弧度较大，下端弧度较小的弧线。髋关节外侧，没有多余脂肪，如脂肪较多，突起较明显，会显得下肢偏短，重心较低。大腿内侧在立正站姿下（将双脚内侧并拢），大腿上三分之一要稍微丰满、圆润一些，两膝关节要能并拢，并且皮肤表面没有被挤压的感觉。如双腿完全并拢没有缝隙，表示大腿内侧脂肪较多；如双腿虽并拢但内侧出现较大的空隙，则说明需要增加肌肉。从侧面看大腿前面应有轻微明显的肌肉轮廓，不可有过分发达的肌肉和较多的脂肪，特别是靠近腹股沟和膝关节的部位；大腿后面，要有轻微的肌肉突起，但不要线条过分明显。从背面看，臀纹线以下是大腿后侧比较容易堆积脂肪的部位，应重点观测，不可因皮下脂肪影响皮肤表面平滑的程度。小腿肌群从后面看，能够看见腓肠肌，且肌肉位置较高，但线条不易过分明显，与大腿、膝盖、脚踝相比围度适中。

二、腿部练习的内容

练习一　侧卧外展抬腿（绷脚）

预备姿势：右侧卧，右手肘支撑上体，不要屈髋（图4–10–1）。

练习方法：左腿绷脚，腿外展直膝上抬，抬离地面不超过45°（图4–10–2）。连续练习30次，换腿练习。

注意事项 此练习针对大小腿外侧，消耗多余脂肪，紧实该部位。向上抬起时膝关节方向要始终保持向身体正对的前方，脚面绷直。

图4–10–1

图4–10–2

练习二 侧卧外展抬腿（勾脚）

预备姿势：右侧卧，右手肘支撑上体，不要屈髋（图4–10–3）。

练习方法：左腿勾脚，腿外展直膝上抬，抬离地面不超过45°。重复练习30次，换腿练习（图4–10–4）。

注意事项 此练习针对大腿跟、髋关节外侧，紧实并消耗多余脂肪。向上抬腿时膝关节和脚尖的方向要始终保持向身体正对的前方。

图4–10–3

图4–10–4

练习三 侧卧内收抬腿（绷脚）

预备姿势：右侧卧，右手肘支撑上体，不要屈髋，左腿屈膝放于右腿前（图4–10–5）。

练习方法：右腿绷脚，做内收直膝上抬，抬离地面30厘米（图4–10–6）。重复练习30次，换腿练习。

注意事项 此练习针对大小腿内侧，消耗多余脂肪，紧实该部位。向上抬起时膝关节方向要始终保持向身体正对的前方，脚面绷直。

图4–10–5

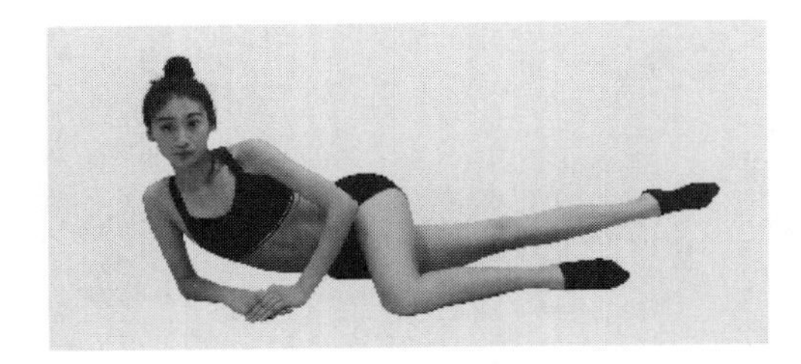
图4-10-6

图4-10-7

图4-10-8

图4-10-9

图4-10-10

练习四　侧卧内收抬腿（勾脚）

预备姿势：右侧卧，右手肘支撑上体，不要屈髋，左腿屈膝放于右腿前（图4–10–7）。

练习方法：右腿勾脚，腿外展直膝上抬，抬离地面30厘米（图4–10–8）。重复练习30次，换腿练习。

注意事项

此练习针对大腿根部内侧、紧实并消耗多余脂肪。向上抬起时膝关节和脚尖的方向要始终保持向身体正对的前方。如有模特大腿并拢时内侧出现较大空隙的情况，可在做此练习时，脚踝处负沙袋，重量以练习8~10次力竭为标准，可以增大该部位肌肉体积，起到填充空隙的作用。

练习五　侧卧外摆腿

预备姿势：右侧卧，右手肘支撑上体，左腿屈膝立于右腿前（图4–10–9）。

练习方法：腿外展直膝上摆，摆至个人最大幅度（图4–10–10）。连续做20次，换腿练习。

注意事项

前几次摆腿力度和幅度适当控制，不要突然发力，以免肌肉、韧带拉伤。

练习六　侧卧内摆腿

预备姿势：右侧卧，右手肘支撑上体，左腿屈膝立于右腿后（图4–10–11）。

练习方法：右腿内收直膝上摆，摆至个人最大幅度（图4-10-12）。连续做20次，换腿练习。

注意事项 臀部收紧，膝关节向前，前几次摆腿力度和幅度适当控制，不要突然发力，以免肌肉、韧带拉伤。

练习七 仰卧外展腿

预备姿势：仰卧，左腿屈立，右腿伸直上举（图4-10-13）。

练习方法：右腿尽量外展，使大腿内侧充分拉长（图4-10-14），然后内收，用内侧肌的力量将腿部拉起至上举。连续做20次，换腿练习。

注意事项 上体和支撑腿保持不动。

练习八 仰卧摆前腿

预备姿势：仰卧，双臂于体侧，双腿伸直并拢。

练习方法：右腿绷脚，向上摆起，左腿不动（图4-10-15），然后慢慢放下。换左腿，重复上述练习。

注意事项 摆腿时，用脚背带动大腿摆起，速度不要过快，练习舒展。下落要有控制地轻落。

图4-10-11

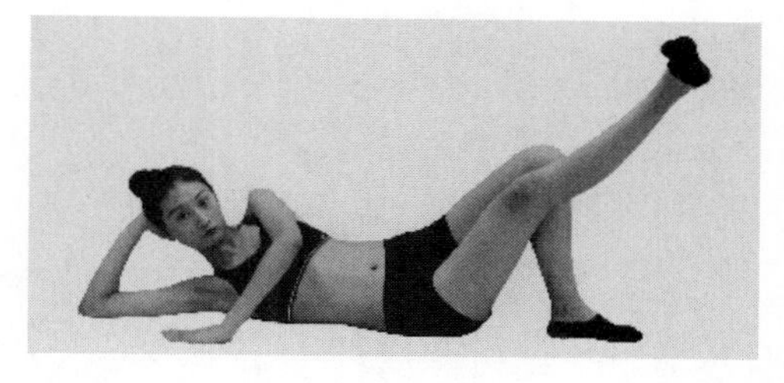

图4-10-12

图4-10-13

图4-10-14

图4-10-15

练习九　侧卧摆腿

预备姿势：身体左侧卧，左手臂上举，手心向下贴于地面，右手臂屈肘放在体前，扶住地面，保持身体平衡。右腿尽力外旋，膝盖、脚面向上。

练习方法：右腿绷脚，向上摆腿，感觉右脚向同侧肩、耳摆去，左腿不动（图4–10–16），然后慢慢放下。摆腿20次后换左腿，重复上述练习。

图4–10–16

注意事项　摆腿时，不要屈髋，身体保持一条直线，髋关节正位开胯，速度不要过快，练习舒缓。然后右腿直腿下落回原位，要有控制地轻落地。

练习十　跪撑后摆腿

预备姿势：左腿跪撑，右腿向后伸直，绷脚面点地，上身前俯双手撑地，抬头目视前方。

练习方法：右腿向后上方摆（图4–10–17），然后还原成预备姿势。后摆腿20次后换右腿练习，重复上述内容。

图4–10–17

注意事项　摆腿时，膝盖要伸直不能弯，肩、髋要正，抬头挺胸、塌腰。

练习十一　把杆正摆腿

预备姿势：单手扶把杆，外侧腿为动力腿（练习腿），脚尖点地，外侧手做侧平举。

练习方法：动力腿用力向前上方摆腿，绷脚尖，用脚背力量带动摆腿，两腿伸直（图4-10-18）。正摆腿20次后换腿练习。

图4-10-18

注意事项　保持抬头、挺胸、立腰、髋正、两腿伸直。练习幅度应逐渐加大。腿回落时注意控制至还原。

练习十二　把杆侧摆腿

预备姿势：单手扶把，身体保持正直，外侧腿为动力腿，其脚尖于主力腿（支撑重心的腿）外侧点地，外侧手做侧平举。

练习方法：动力腿向侧上方摆出，绷脚尖，用脚背力量带动摆腿，两腿伸直（图4-10-19）。侧摆腿20次后换腿练习。

图4-10-19

注意事项　保持抬头、挺胸、立腰、髋正、两腿伸直。练习幅度应逐渐加大。腿回落时注意控制至还原。

练习十三　把杆后摆腿

预备姿势：扶把，动力腿脚尖前点地。

练习方法：动力腿向后上方摆出，绷脚尖，用脚踝的力量带动摆腿，两腿伸直。腿回落时注意控制至还原（图4-10-20）。后摆腿20次后换腿练习。

图4-10-20

注意事项　保持抬头、挺胸、立腰、髋正、两腿伸直。练习幅度应逐渐加大。

图 4-10-21

图 4-10-22

图 4-10-23

练习十四　俯卧收腿

预备姿势：俯卧，双手肘置于头下（图4-10-21）。

练习方法：臀部收紧，将小腿向上弯起，尽量靠近臀部（图4-10-22）。

注意事项　尽量固定住髋关节。此练习可以针对大腿后肌群，紧实并消耗多余脂肪。重复练习30次。

练习十五　并腿半蹲

预备姿势：双腿并拢直立，双手叉腰（图4-10-23）。

练习方法：上体尽量保持正直，双臂前伸，保持身体平衡，同时下蹲（图4-10-24）。

注意事项　膝盖位置尽量不超过脚尖位置。如腿部力量较弱，可先减小屈膝角度；如只需要减少大腿前群靠近膝关节部位的脂肪，做微屈膝的练习即可。重复练习20次。

练习十六　开膝半蹲

预备姿势：直立，双腿大分开（图4-10-25）。

练习方法：双脚外开，膝关节与脚尖方向保持一致，收腹、挺髋，屈膝下蹲（图4-10-26）。

注意事项　下蹲时应使大腿内侧有拉长的感觉，还原练习用内收肌用力。重复练习20次。

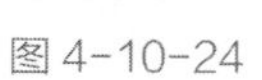

图4-10-24

图4-10-25

图4-10-26

练习十七　弓箭步下蹲

预备姿势：双腿前后开立（图4-10-27）。

练习方法：前腿屈膝呈弓箭步下蹲（图4-10-28）。

注意事项　两脚内侧始终保持在一条直线上。下蹲时上体保持直立，收腹挺胸。重复练习20次。

图4-10-27

图4-10-28

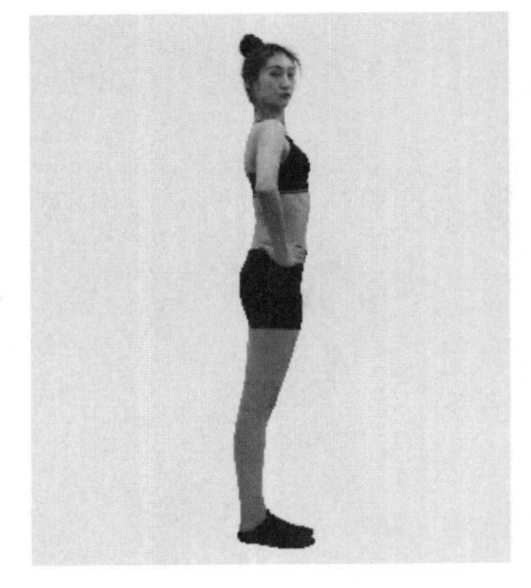

图4-10-29

图4-10-30

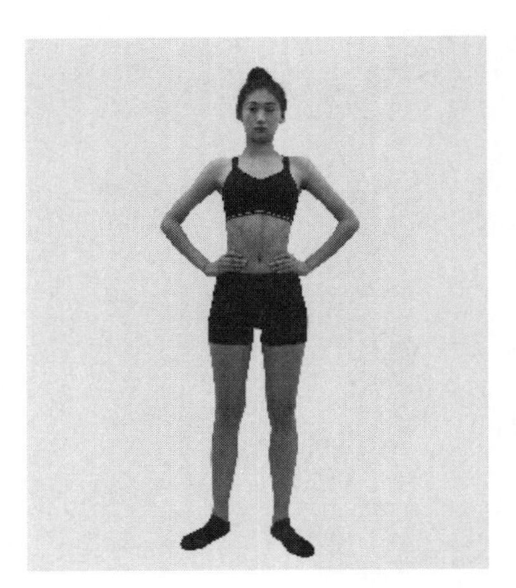

图4-10-31

练习十八　提踵

预备姿势：两腿开立，挺胸收腹，双手叉腰（图4-10-29）。

练习方法：

（1）练习小腿后侧，双脚平行，向上提踵（图4-10-30）。

（2）练习小腿内侧，双脚尖外斜向上提踵（外“八”字）（图4-10-31、图4-10-32）。

（3）练习小腿外侧，双脚内扣（内“八”字）向上提踵（图4-10-33、图4-10-34）。

注意事项　身体保持直立，不能塌腰或撅臀。练习（2）、（3）也可双手扶墙站立，身体前倾，做斜前上方提踵，练习程度会加深。

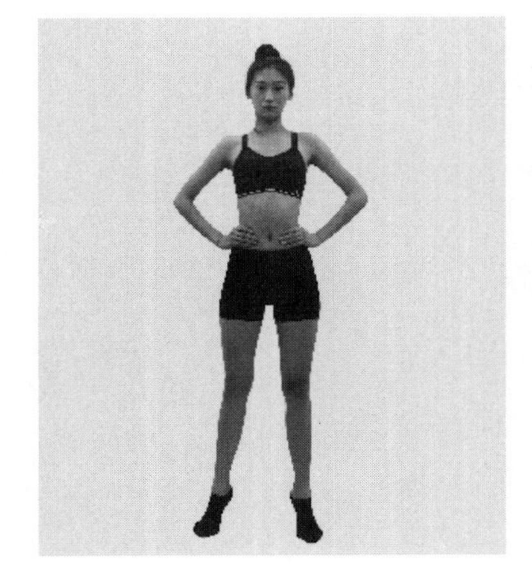

图4-10-32

图4-10-33

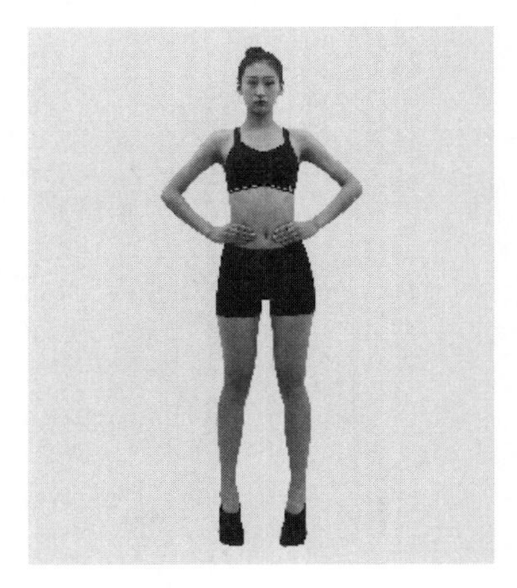

图4-10-34

图 4-10-35

图 4-10-36

练习十九　压脚踝练习

预备姿势：身体挺直，收腹、立腰，双腿并拢伸直，双脚绷脚面。双臂放于身体两侧，双手撑住两侧地面（图4-10-35）。

练习方法：右脚尽量向上勾起，左脚用力绷脚面（图4-10-36），然后两脚交替做练习（图4-10-37）。

图 4-10-37

注意事项　练习时膝盖不要弯曲。重复练习30次。

练习二十　转脚踝练习

预备姿势：身体挺直，收腹、立腰，双腿并拢伸直，绷脚压脚踝，双臂放于身体两侧，双手撑住两侧地面（图4-10-38）。

练习方法：脚踝尽量立起，双脚向外绕环，踝关节尽力向脚的外侧横展，呈勾脚（图4-10-39），再向里绕环，最后回原位。

图 4-10-38

图 4-10-39

注意事项　踝关节尽量放松，勾脚时膝盖不要弯曲。重复练习30次。

三、腿部不良形态矫正练习方法

腿部是否畸形，很容易检验。立正姿势站立，若两腿膝部足部能完全并拢则为正常；若两腿膝部能靠拢，而两脚不能靠在一起，就称为“X”形腿；反之双脚能靠拢而双膝不能靠拢，则称之为“O”形腿。具体形成原因，有以下几种可能，①遗传。②在幼儿时期，站立过早或行走时间过长。③缺乏营养和锻炼。④腿部骨伤或伤愈后两腿支撑时间过长。⑤站立、行走姿势不正确等。这些都可能造成“O”形腿或“X”形腿，其实，经常做些矫正练习，尤其是骨骼发育尚未完全时期，还是有可能减轻或矫正这种畸形的。以下练习有助于矫正。

（一）“O”形腿矫正练习

1. 绑缚　双腿伸直，用宽布带或橡皮带捆绑膝盖部位，每天坚持半小时。如腿部出现麻木感，应放松绑缚。

2. 夹书　站姿，膝盖处夹住一本书，每次夹住5分钟，稍作休息，共做3次。

3. 蹲起　直立，两脚并拢，两手扶膝，做蹲下起立的屈伸运动，每组做10次，共做3组。

4. 膝部扭转运动　半蹲或坐在椅子上，双脚以脚跟支撑，两脚掌同时做内收外展，膝关节同时转动。每次做2分钟，稍作休息，共做3次。

5．脚跟外展内收运动　直立，两脚平行，以脚跟为轴，做脚尖外展内收运动；再以脚尖为轴，做脚跟外展内收运动。每次做2分钟，稍作休息，共做3次。

（二）“X”形腿矫治练习

1．绑缚　双腿伸直，用宽布带或橡皮带捆绑踝关节部位，每天坚持半小时。如腿部出现麻木感，应放松绑缚。做练习时，如能在双膝间加一个软垫，厚度根据自身情况而定，效果更好。

2．坐姿压膝运动　盘腿坐正，膝盖外展，两脚掌相对，两手扶膝下压。注意，脚掌不要分开，膝盖压到不能再压时，坚持一会儿。每次做2分钟，稍作休息，共做3次。

第十一节　哑铃练习

一、哑铃练习的作用

随着练习时间的推移，对练习者练习强度提出更高的要求，徒手练习已经不能满足训练需求，这时可以增加哑铃训练。哑铃重量的选择要根据练习者对练习部位的改善需求而定。如果是以减脂塑形为目的，哑铃重量应以练习动作可持续30次以上为标准。如果是以增加肌肉体积为目的，则哑铃重量应以练习8~10次力竭为标准。

二、哑铃练习的方法

练习一　坐姿内收小臂

预备姿势：坐位。双手持哑铃，肘关节放在膝盖上，拳心向上（图4–11–1）。

练习方法：

（1）单臂向上屈肘内收前臂，重复练习30次后，换臂练习（图4–11–2）。

（2）双臂同时向上屈肘，重复练习30次（图4–11–3）。

注意事项　腰背挺直，肘关节始终紧撑在膝关节上。此练习针对前臂肌群及肱二头肌。

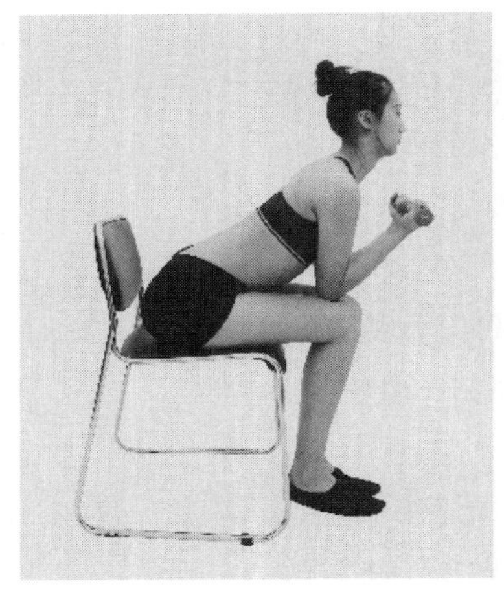

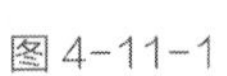
图4-11-1

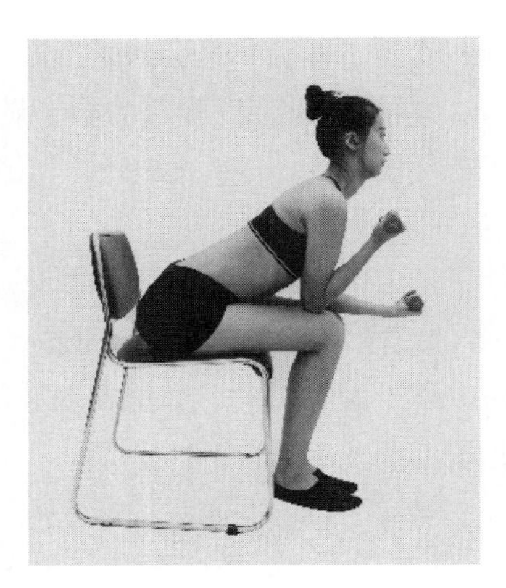

图4-11-2

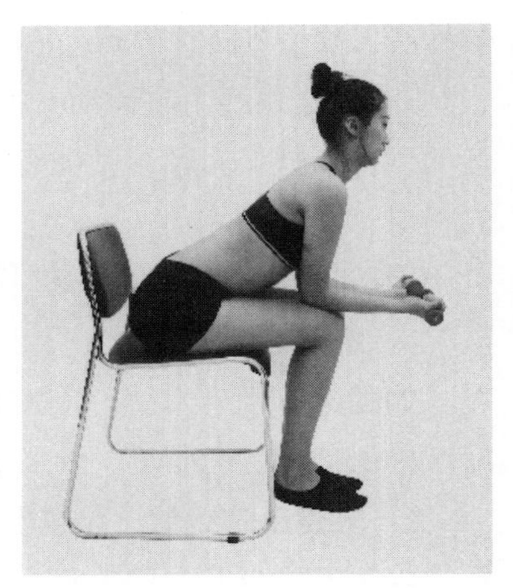

图4-11-3

练习二　直臂上举

预备姿势：坐立，手持哑铃，两臂自然下垂，后背贴紧椅背（图4-11-4）。

练习方法：直臂交替做前平举、上举练习（图4-11-5）。

注意事项　上体始终保持正直。重复练习30次。此练习针对肩关节肌肉（三角肌）。

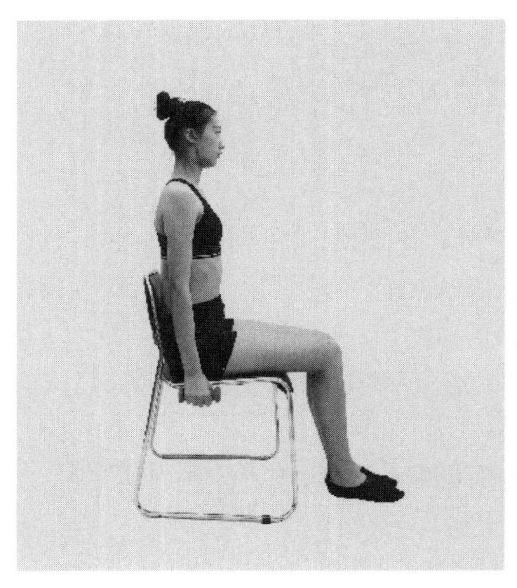

图4-11-4

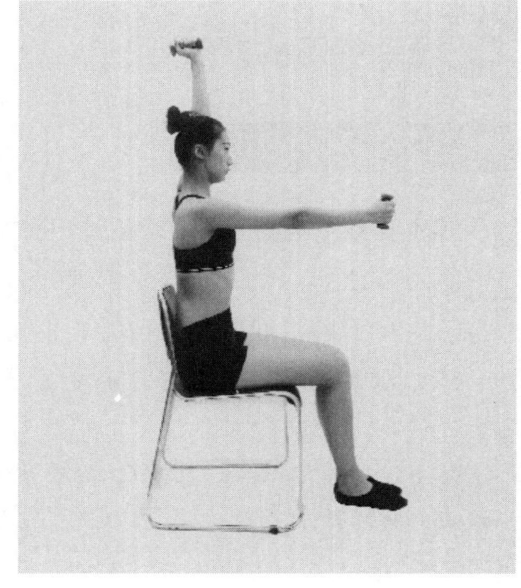

图4-11-5

练习三　头后上举

预备姿势：分腿站立，两手握一个哑铃于头后屈肘（图4-11-6）。

练习方法：双手握住哑铃由头后屈肘向上举，还原（图4-11-7）。

注意事项　身体保持直立，上臂内侧始终贴住耳部，手臂尽量上举伸直。重复练习30次。此练习针对肱三头肌，可以有效解决上臂内侧（俗称蝴蝶袖）松弛问题。

图4-11-6

练习四　肩上推举

预备姿势：分腿站立，两手各持一个哑铃屈肘于肩侧（图4-11-8）。

练习方法：两臂向上推举（图4-11-9），还原。

注意事项　身体保持直立，手臂用力向上推直。重复练习30次。此练习针对肱三头肌。

图4-11-7

图4-11-8

图4-11-9

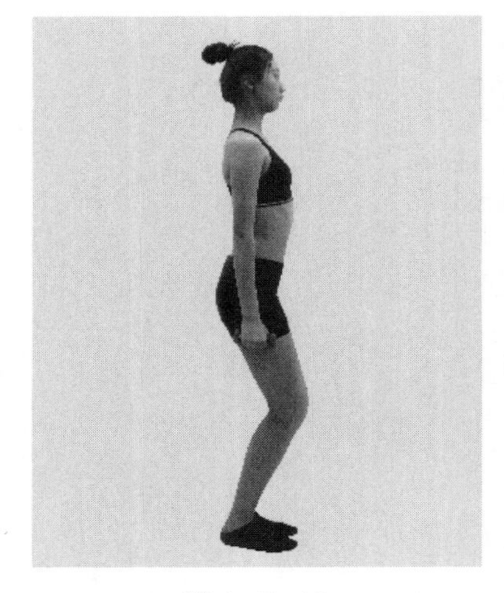

图 4-11-10

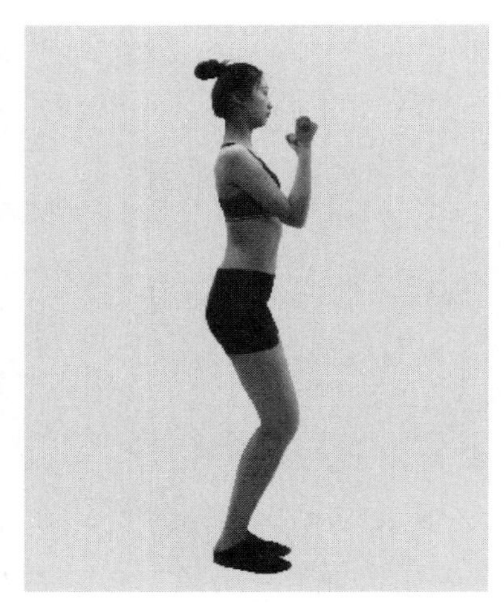

图 4-11-11

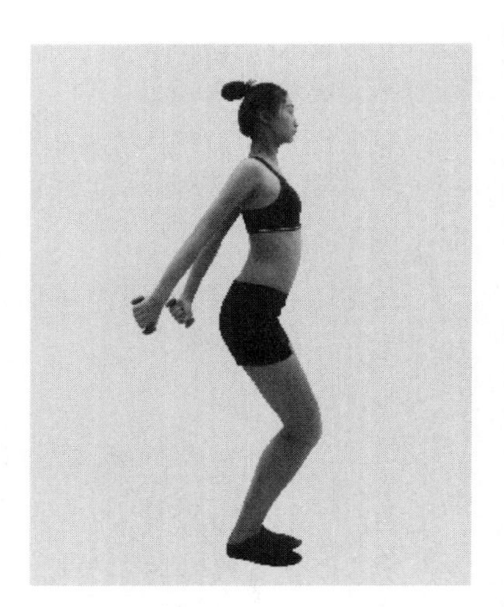

图 4-11-12

图 4-11-13

图 4-11-14

练习五　小臂屈摆

预备姿势：分腿半蹲，两手各持一个哑铃于体侧，自然下垂（图4-11-10）。

练习方法：两臂同时前屈，内收小臂，拳心向内（图4-11-11），接着下摆向后伸直（图4-11-12）。

注意事项　收腹、挺胸、腰背挺直。重复练习30次。此练习针对肱三头肌。

练习六　负重平举

预备姿势：自然站立，手持哑铃，两臂自然下垂。

练习方法：直臂前摆，两臂与肩平行（图4-11-13），还原。接着直臂侧摆，两臂与肩平行（图4-11-14），还原。

注意事项　身体始终保持正直。重复练习30次。此练习针对肩关节（三角肌）力量。

练习七　负重侧上举

预备姿势：自然站立，手持哑铃，两臂自然下垂。

练习方法：直臂经侧摆至上举（图4-11-15），还原。

图4-11-15

注意事项　身体始终保持正直，上举、下落动作速度均匀、缓慢。重复练习30次。此练习针对肩关节周围肌肉力量，发达三角肌。

练习八　负重大绕环

预备姿势：两腿开立，双手持哑铃于体前交叉（图4-11-16）。

练习方法：直臂向外大绕环，再直臂向内大绕环（图4-11-17）。

注意事项　身体保持正直。重复练习12次。

练习九　体侧屈

预备姿势：分腿站立，手持哑铃（图4-11-18）。

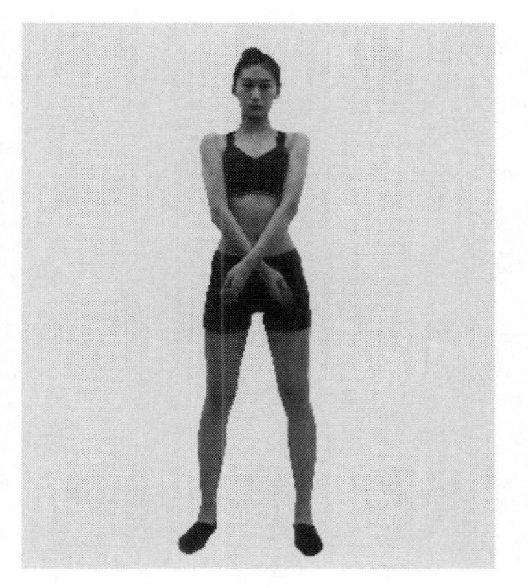
图4-11-16

图4-11-17

图4-11-18

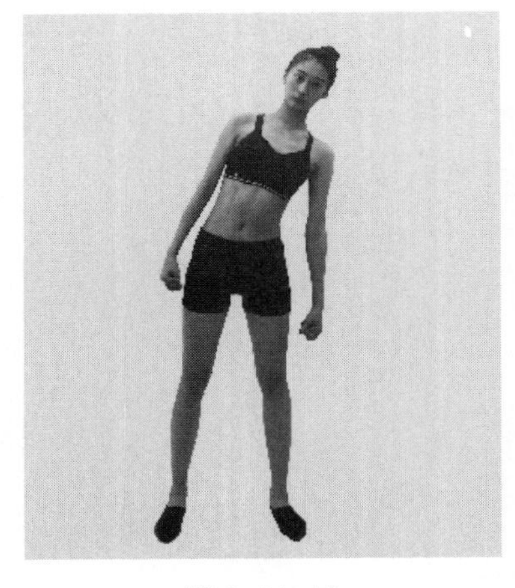

图4-11-19

图4-11-20

图4-11-21

练习方法：上体向一侧屈，还原。然后向另一侧屈（图4–11–19），还原。

注意事项　挺胸、直背，重心控制好，上体尽量侧屈，各重复练习20次。

练习十　提肘

预备姿势：分腿站立，上体前屈平行于地面，两臂持哑铃自然下垂（图4–11–20）。

练习方法：屈肘，将哑铃提拉至胸部，抬头夹背（图4–11–21），还原。

注意事项　挺胸、直背，控制好重心，动作速度均匀。重复练习30次。

练习十一　弓身飞鸟

预备姿势：分腿站立，上体前屈平行于地面，两臂自然下垂（图4–11–22）。

练习方法：肘关节稍屈，两臂向侧上摆动至平举（图4–11–23），还原。

注意事项　练习时手臂尽量向侧上方摆动，下落动作要缓慢，膝盖可适度弯曲。重复练习30次。此练习针对背阔肌。

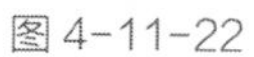

图4-11-22　　图4-11-23　　图4-11-24

练习十二　负重侧上举

预备姿势：两腿开立，上体前屈与地面平行，双手持哑铃自然下垂（图4-11-24）。

练习方法：双手正握哑铃，经体侧向后上方直臂上举，努力使肩胛骨合拢（图4-11-25），然后还原。

图4-11-25

注意事项　手臂后上举时，要高于双肩。重复练习30次。此练习针对肱三头肌、背阔肌。

练习十三　仰卧推举

预备姿势：仰卧于长凳上，两手各握哑铃同肩宽（或略比肩宽）于肩部上方，两腿屈膝置于地面（图4-11-26）。

练习方法：右手臂屈肘平放于肩侧，使胸大肌充分展开拉长。接着吸气，使哑铃沿胸侧垂直上推，两臂充分伸直后稍停顿，换手退让回到屈肘位，呼气（图4-11-27）。

注意事项　身体保持平衡，推举动作要充分。重复练习8~12次。此练习针对胸大肌。

图 4-11-26

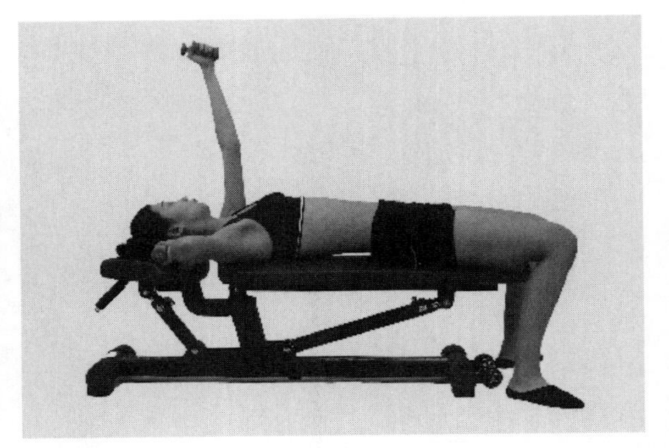

图 4-11-27

思考与练习

1．部位训练的作用是什么?
2．胸部不对称的原因是什么?
3．请概述女模特的腿部形态应该具备哪些条件?

部位训练

男模特部位训练

课题名称： 男模特部位训练

课题内容： 男模特部位训练须知

学习拉伸练习方法以及各部位训练方法

课题时间： 24课时

教学目的： 通过练习，对男模特的各形体部位的形态进行改善，改善模特形体的控制能力。

教学重点： 1. 了解训练中应掌握适宜的运动负荷。

2. 掌握训练时正确的呼吸方法及注意事项。

3. 重视拉伸练习，避免受到运动损伤。

4. 掌握各部位训练方法。

教学方式： 实践教学

课前准备： 对运动生理学、运动解剖学、运动训练学有一定了解。

第五章　男模特部位训练

第一节　男模特部位训练须知

一、掌握适宜的运动负荷

在训练中，决定训练效果的重要因素是适宜的运动负荷。运功负荷太小，训练效果不明显，过大则会产生过度疲劳。

运动负荷包括两个方面，即练习强度与练习量。

（一）练习强度

决定练习强度大小的主要因素是部位训练中每组练习竭尽全力完成的次数。决定练习强度大小的另一个重要因素是组与组之间的间歇时间。

1．练习次数　在部位训练中达到力竭练习次数的分类有以下几种：高强度、低次数（1~4 次），主要是达到增长肌肉力量的目的；中等强度、中次数（6~12 次），主要是达到增长肌肉体积的目的；中小强度、较高次数（15~20 次），主要是达到发展小肌肉群的体积和增加肌肉的线条、弹性的目的；小强度、多次数（30次及以上），主要是达到减缩局部皮下脂肪和增强肌肉弹性的目的。

由于模特职业的特殊性，部位训练与一些竞技或健美运动项目不同，大多数模特为了达到职业对形体的需求，训练强度往往采用小至中高强度。在每次训练时，一个动作可以用最大负重量的60%练习15次，然后再增加重量，把练习次数减少到8~10次，最后负重量加到80%，最多做到5~6次。

训练中值得注意的是，应该时刻注意动作的规范，以避免肌肉受伤，确保肌肉形态的良性发展。

2．间歇时间　在组与组训练之间，要有适当的间歇时间，间歇时间过短，肌肉不能从疲劳状态恢复；而间歇时间过长，肌肉的兴奋消失，不但达不到应有的效果，并且容易受伤。因此，组间间歇必须合理，才能使肌肉训练保持最佳效果。一般情况下，按训练水平间歇时间安排如下：初级阶段为1.5~2分钟；中级阶段为1~1.5分钟；高级阶段为45秒~1分钟。

间歇时，为了训练的连续性和尽快地从疲劳状态中恢复，不能采用坐、卧等静止不动的消极型休息方式，而应该采取积极性休息手段。首先，必须要做的就是调整呼吸，做几次深呼吸，增加吸氧量，使体内供氧充足，肌肉更容易得到放松。其次，应对练习的肌群进行放松或按摩，如快速抖动肌肉，有节奏地按捏、叩击和做一些使肌肉充分拉长的伸展动作，以尽快地消除肌肉紧张状态，达到缓解疲劳的目的。

（二）练习量

练习量是指每个部位肌群练习的组数与一次训练课的总组数。为了使局部肌肉达到最佳训练效果，每个动作练3~4组为最好，如果组数过少，达不到应有的刺激；组数太多，肌肉过于疲劳并容易产生厌倦的感觉。依照训练水平决定每个部位总组数，然后根据每个部位3~4组的原则，决定选择几个动作。训练组数的多少，还要取决于不同的体质、体力和训练水平，必须根据实际情况，不能无限制地增加组数，否则就会导致训练过度。

在训练中，将全身各部位分为大肌肉群和小肌肉群。胸、背、大腿为大肌肉群；肩、肱二头、肱三头、前臂、小腿为小肌肉群。腹部为特殊肌群。原则上小肌肉群的组数是大肌肉群的2/3。下面介绍不同训练水平，每个部位按大、小肌肉群所采用的总组数：

	大肌肉群	小肌肉群	训练课总组数
初级阶段（开始~6个月）	3~4组	2~3组	15~20组
中级阶段（6个月~1年）	5~6组	3~4组	不超过25组
高级阶段（1年以上）	7~8组	5~6组	依具体情况而定

在训练中，可以把两个相对肌群（主动肌与对抗肌）结合在一起锻炼。例如，把锻炼二头肌的弯举和练肱三头肌的臂屈伸结合起来轮流训练，每一个动作练一组。在组与组之间，只允许有短时间的休息或不休息。另外，为锻炼同一部位肌群，可以进行组合训练，将两个锻炼同一部位的不同动作结合一起做，这是在肌肉还没有恢复时，连续地进行超强度刺激的一种训练方法，例如：在锻炼肱二头肌时，先做一组杠铃弯举，接下来再做一组斜坐哑铃弯举。

二、掌握训练时正确的呼吸方法

部位训练是一项以有氧代谢为主，无氧代谢为辅的运动。必须在练习时配合正确的呼吸方法，否则易产生头昏、恶心、过早疲劳等现象。下面介绍几种常用的呼吸方法：

（一）与动作同步呼吸

每做一次动作进行一次呼吸，呼吸是在动作过程中完成的。其中包括两种方法。方法一，肌肉收缩时瞬间憋气并快呼气，肌肉伸展时慢吸气。一般在负荷较重、仰卧位做动作或须固定肩带和胸腹部时采用这种呼吸方式。比如，做“颈后宽推”“仰卧推举”“深蹲”等动作时采用。但憋气时间一定要短暂，吸气为张大嘴深吸气，呼气为喷吐式。方法二，肌肉收缩时快吸气，肌肉伸展时慢呼气。此呼吸方式与上式相反，吸气时快速有力，呼气时缓慢深长。一般在负荷较轻及退让性练习时采用。比如，做“哑铃弯举”“俯立飞鸟”等动作时采用。

（二）动作间歇时呼吸

呼吸频率与动作次数不相等，呼吸是在动作间歇时进行的。其中包括三种方法。方法一，几次动作配合一次呼吸。连续做几次动作后暂停，做一次呼吸，再连续做几次动作后再做一次呼吸。一般在热身时或重量轻、速度快时采用。如“俯卧撑”“双杠臂屈伸”等动作时采用。方法二,一次动作几次呼吸。在大重量训练或增长力量以及每组最后1~2次调整一下呼吸，以便再努力完成一次动作练习。比如，做“杠铃深蹲”“腿举”等动作时采用。方法三，自由调节式呼吸。

在进行小强度有氧练习时，呼吸常采用自由调节式。

总之，练习时的呼吸方式应适应动作目的和动作结构。正确的呼吸方法有助于更好地完成练习和避免过早疲劳。

三、训练注意事项

（一）科学的训练

练习者应根据自己的身体实际情况和训练水平，制定选择一个切合实际的训练计划，逐步调整和循序渐进地加大运动负荷，根据不同的训练目的、训练周期选择不同的练习方法，并且要求完成动作规范，准确无误。初学者切忌急于求成，无节制地增加练习内容、训练组数，延长训练时间，盲目加大训练强度，致使训练过度，长期疲劳训练，阻碍了体型的发展。在进行训练时，应集中意念在主动肌用力，尽量限制其他协同肌活动，以达到训练主动肌最佳效果。在进行大负重练习时每组最后一、两次动作，单凭主动肌已不能有效完成，可以借助同伴的帮助，给予助力完成技术动作。在练习时，必须要使主动肌先充分拉长（伸展），再使其充分收缩，并且要做到快收缩、慢伸展，最佳收缩停留1~2秒。

（二）重视准备活动

训练前准备活动非常重要，如果训练中参与运动的肌肉和韧带预先没有得到预热和拉长，并且各关节没有活动好，那么在锻炼中就会感到动作僵硬。特别是在进行器械锻炼时，容易出现肌肉和韧带的损伤。这是因为人体从安静状态进入运动状态，对氧气及其他能源物质的需要会突然增加，同时代谢物又需及时排除，这就要求心脏等内脏器官加速工作来满足这一突变的需要。但是，支配内脏器官的植物神经系统传递兴奋的速度比支配运动器官的运动神经系统要慢。因此，会出现不适现象。

准备活动可以使内脏器官逐渐兴奋起来，使全身的肌肉、韧带和关节得到充分活动，为正式锻炼做好机能上的动员和准备。只有这样，机体在进入正式运动时，才能发挥更大的上作效率。准备活动的时间一般在10~15分钟。准备活动后应感到四肢关节灵活，身体轻松有力，全身发暖，这时可开始正式锻炼。

（三）重视恢复方法

经过大强度、大运动量锻炼后，恢复至关重要，只有恢复得当，才能消除疲劳，保障训练效果。恢复过程时间的长短取决于训练水平、运动负荷以及身体机能状态等因素。恢复主要有两种形式，即消极性恢复和积极性恢复。消极性恢复是指一般的静止休息、睡眠等。积极性恢复包括运动后的整理活动、放松与按摩、适当补充维生素、心理放松等，这些都有助于人体由激烈的活动状态转入安静状态，使静脉血尽快回流心脏，加快整个机体的恢复。整理活动包括深呼吸和较缓和的活动，如慢跑、四肢放松摆动等。训练后进行放松按摩，可使肌肉中的乳酸尽快排出或转化，促使肌肉放松，消除疲劳。按摩一般在运动结束后20~30分钟内或晚上睡觉前进行。训练结束20分钟后，最好洗个温水澡。温水澡对心脏和神经系统有镇静作用，能保持皮肤清洁，促进血液循环，排除体内废物，消除肌肉紧张，减轻酸痛感，加快机体的恢复。另外，在进行部位训练的时候，必须让肌肉得到交替式地锻炼和休息，例如周一进行上肢肌肉训练，那么周二就进行下肢或躯干等其他部位的肌肉训练。

（四）合理的补充营养

合理的摄取营养和严格的饮食制度是增长肌肉体积、保持健美体格不可忽视的条件。对于肌肉塑性训练来说，一般练习者每次摄入蛋白质占1／3，碳水化合物约占2／3，脂肪的需要量很少。要使肌肉体积不断增长，关键是掌握好蛋白质的日需量。蛋白质在体内需要2~4个小时才能被消化吸收。所以，蛋白质必须不断补充，而不能一次摄入过多。对练习者来说，每天每千克体重至少摄入1~1.5克蛋白质，每天合理的摄入次数为4~5次。训练时还需要摄取碳水化合物，以提供热能。大负荷的训练会不断消耗体内的糖原储备。碳水化合物可以保证训练时能量的供应和体内糖原的储备，如果糖原储备过低，就会迫使身体用蛋白质作能源，长此以往，肌肉体积不但不会增长，反而会缩减。除正常饮食外，还要根据需要适当补充一些维生素和矿物质。另外训练中水的摄入也很重要，水不仅可以加快体内废物的排出，而且对维持正常生理功能十分重要。研究表明，如果体内缺水超过3%，运动能力就大大降低，健康就会受到损害。因此，适当补水很重要。

第二节　拉伸练习

正确的拉伸能增加关节、肌肉及韧带的灵活性，以确保在全方位运动中自由地活动肢体。拉伸练习与部位训练相辅相成。运动前拉伸能减少受伤的概率，为接下来的锻炼做好心理和身体上的准备，使肌肉在幅度更大、功能性要求更高的动作中实现预期效果；运动后拉伸能缓解肌肉酸痛感同时起到精神上放松的作用。

练习一　颈部拉伸

（1）低头，双手十指相扣于头后，轻轻向下按压头部（图5-2-1）。

（2）抬头，双手大拇指置于下颏，轻轻向上推（图5-2-2）。

（3）头部向左倾斜，用左手扶住头右侧，轻轻向下按压（图5-2-3）。

（4）头部向右倾斜，用右手扶住头左侧，轻轻向下按压。

图5-2-1

图5-2-2

图5-2-3

练习二　肩部拉伸

（1）右臂屈肘置于头后，左手扶住右手肘，慢慢向左下方按压（图5-2-4）。

（2）换方向练习。

图5-2-4

练习三　胸部拉伸

（1）双腿前后分开站立，重心在两腿之间，双臂置于身后，双手交握，胸部前挺，两肩夹紧（图5-2-5）。

（2）双手尽量向后上提拉，保持双肩及胸部充分拉伸（图5-2-6）。

练习四　侧腰拉伸

（1）双腿交叉站立，左脚在前，右脚在后，左手叉腰，同时右手向上伸直后再向左侧下压，感受右侧腰部肌肉的绷紧（图5-2-7）。

（2）换方向练习。

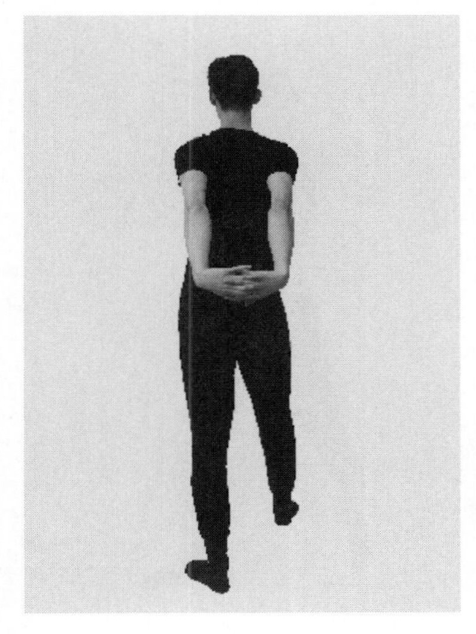

图5-2-5

图5-2-6

图5-2-7

图 5-2-8

练习五　腰背拉伸

双腿微屈跨立，上体前俯，双手合十反掌向地面垂直下压（图 5-2-8）。

练习六　上体侧转拉伸

（1）双腿开立，双手屈肘抬起至于胸前。双手臂左转，同时带动腰腹转向左侧（图 5-2-9）。

（2）换方向练习。

练习七　挺髋拉伸

双腿分立，双手撑于腰后。上身后仰，向前挺髋，双手用力将腰部向前推（图 5-2-10）。

练习八　反压手掌

（1）双腿前后开立，双手臂向前伸直，右手反掌朝前，指尖朝下，左手握住右手指回拉，拉伸手指及前臂内侧（图 5-2-11）。

（2）换左手拉伸练习。

图 5-2-9

图 5-2-10

图 5-2-11

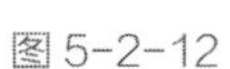

图5-2-12

图5-2-13

图5-2-14

练习九　坐姿压髋

盘坐，双脚相对，双手分别扶住同侧膝盖，上身慢慢前俯下压，同时手肘用力下压双腿（图5-2-12）。

练习十　正压腿

（1）双腿前后开立，右腿在前屈膝支撑，左腿于体后伸直，呈弓箭步，双手叉腰，身体下压（图5-2-13）。

（2）换方向练习。

练习十一　侧压腿

（1）右腿屈膝，左腿向外侧伸直，双手撑地面，身体下压（图5-2-14）。

（2）换方向练习。

练习十二　大腿前群肌肉拉伸

（1）站姿，右腿屈膝上抬小腿，右手拉住右脚背尽量上提，髋关节尽量舒展（图5-2-15）。

（2）换方向练习。

图5-2-15

图 5-2-16

练习十三　小腿拉伸

双腿前后分立，左腿屈膝，右腿伸直，足尖点地，双手扶墙或其他支撑物体，身体慢慢前倾，右脚跟下压落地，感受右小腿肌肉和跟腱绷紧（图5-2-16）。

第三节　上肢练习

一、上肢肌肉结构

上肢主要由上臂肌群和前臂（小臂）肌群等组成。上臂肌群主要有肱二头肌、肱三头肌、肘肌等组成。肱二头肌有内、外两条肌肉。肱三头肌由三块肌束组成，即长头、外侧头和内侧头。前臂肌群也有前群和后群之分。

图 5-3-1

二、上肢练习方法

练习一　哑铃弯举

预备姿势：站立、正坐、俯立或俯坐，两手或单手持哑铃自然下垂于体侧，虎口向前，上臂贴紧体侧（图5-3-1）。

练习方法：屈肘将哑铃上举，同时手腕向外旋转，至最佳收缩角度时，呈手心向上。停留1～2秒（图5-3-2），再还原成预备姿势。

练习作用：锻炼肱二头肌。

图 5-3-2

注意事项　在弯举过程中，一定要沿着手臂的正直方向弯举，不能前后偏转。

练习二　托板弯举

预备姿势：身体站立或坐姿，上体前倾靠向托板（托板种类有平托、斜托、立托），可用哑铃、杠铃及各种重锤、拉力器等进行练习。持铃手臂伸直贴向椅背，并用腋窝夹紧，另一只手扶托板边沿（图5-3-3）。

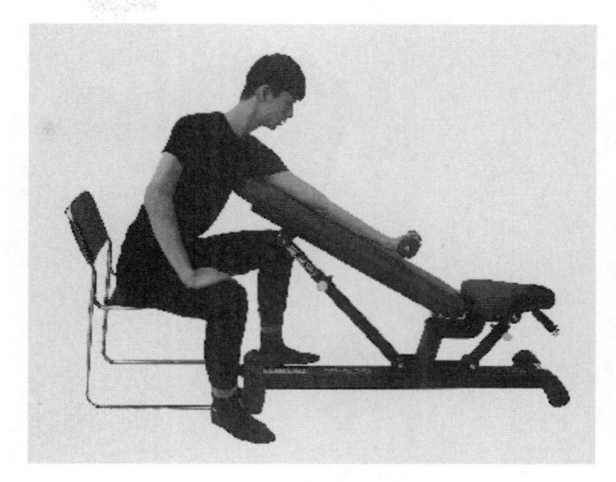
图5-3-3

练习方法：握紧哑铃，慢慢弯举至手臂夹紧为止。短暂停留后，手臂展开，还原至起始处，重复以上动作（图5-3-4）。

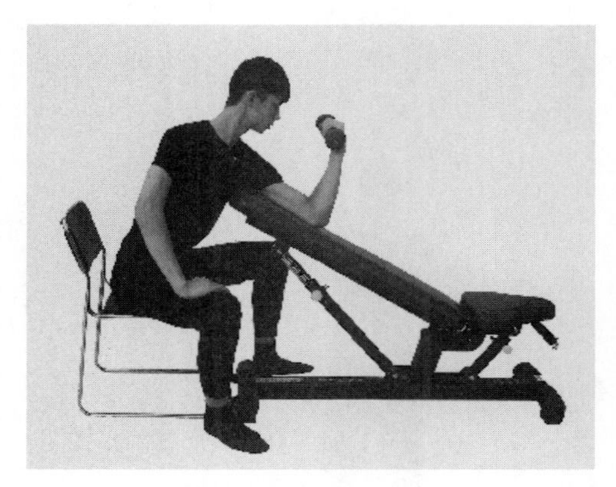
图5-3-4

练习作用：加强肱二头肌塑形作用。

注意事项　手臂弯举时，手臂所在平面要与托板垂直，不能向两侧偏转，以免影响运动效果。

练习三　杠铃弯举

预备姿势：两脚自然开立，手臂伸直下垂于体前，双手间距与肩同宽，拳心朝前。

练习方法：上臂保持固定不动，以肘关节为轴弯起前臂，直至最佳收缩角度，停留1~2秒，再还原成预备姿势。重复以上动作（图5-3-5）。

图5-3-5

练习作用：发展肱二头肌肌群。

注意事项　弯举扛铃时，上臂固定，仅靠前臂用力抬举哑铃，同时保持身体正直。

练习四　俯立弯举杠铃

预备姿势：俯立体姿，持杠铃自然下垂于

图 5-3-6

图 5-3-7

肩关节下方（图5-3-6）。

练习方法：将杠铃弯起至最佳收缩角度（图5-3-7），停留1~2秒，再还原成预备姿势。始终保持两上臂垂直于地面。

练习作用：发展肱二头肌肌群。

注意事项 手腕平直，切勿屈、伸手腕，以避免前臂肌群紧张。

图 5-3-8

练习五　单臂颈后臂屈伸

预备姿势：站姿，双腿开立，左手握紧哑铃举起至头部左侧上方，手臂伸直，略微屈肘，右手扶住左上臂内侧，调整呼气，目视前方（图5-3-8）。

练习方法：左手握紧哑铃向颈后屈肘至手臂夹紧，然后调整呼气，重复以上动作（图5-3-9）。

练习作用：充分锻炼肱三头肌及其内侧肌肉，能够消除手臂内侧脂肪，增强手臂力量，对三角肌也有很好的锻炼效果，可以紧实肩部肌肉。

图 5-3-9

注意事项 手臂在屈伸时，上臂尽量固定，仅靠前臂将哑铃推举和放下，不要低头、缩颈。

练习六　俯身臂屈伸

预备姿势：右腿屈膝站立，右手单臂握哑铃自然下垂，左腿跪撑在凳上、左手伸直撑在凳上，同时保持腰背平直，调整好呼吸（图5–3–10）。

练习方法：右手握紧哑铃向上抬起，至前臂与地面垂直、与上臂呈90°，短暂停留，继续上摆小臂至手臂伸直，且与地面平行为止。还原。重复练习（图5–3–11、图5–3–12）。

练习作用：锻炼肱三头肌，消除上臂后侧脂肪、紧实手臂线条。

注意事项 手臂不能前后偏转，握铃的手臂后摆伸直后，手臂应适当屈肘，不用过分伸直。

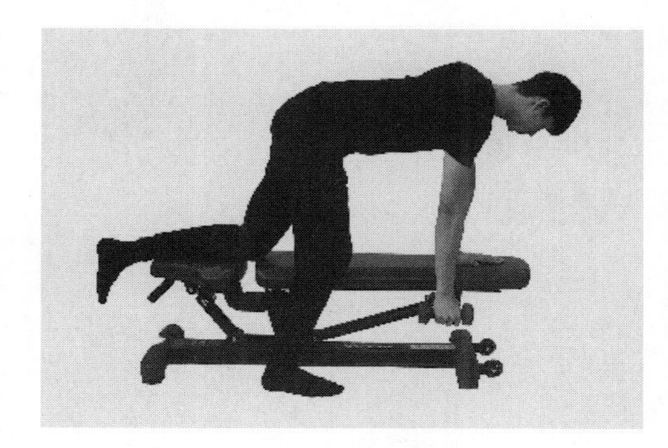

图5–3–10

图5–3–11

图5–3–12

练习七　反式俯卧撑

预备姿势：双手在身体后方支撑台阶或者凳子，双脚屈腿支撑地面（图5–3–13）。

练习方法：吸气的同时屈肘，身子下落，呼气的同时，两臂用力将身子撑起至两臂撑直状态，停留1秒，吸气再下落，重复练习（图5–3–14）。

练习作用：强化肱三头肌和附带三角肌。

注意事项 练习者可根据个人力量情况，选择适宜高度的台阶或凳子。

练习八　窄握杠铃推举

预备姿势：身体仰卧躺在椅背上，双手均

图 5-3-13

图 5-3-14

图 5-3-15

图 5-3-16

匀握住杠铃杆将其贴于胸前，前臂内收，肩背紧贴椅背，腰部与椅面保持一只手掌的距离（图5-3-15）。

练习方法：呼气，双手握住杠铃用力上推至手臂伸展而手肘微屈，保持手臂与地面垂直。短暂停留后，还原至起始处，重复以上动作（图5-3-16）。

练习作用：增大肱三头肌体积，消除手臂赘肉。

注意事项　双手握杠铃间距窄，且推举时前臂需要内收。

第四节　肩部练习

一、肩部肌肉结构

相较于身体其他部位而言，肩部的脂肪含量是很少的。肩部肌肉分布肩关节周围。起于上肢带骨，跨越肩关节，止于肱骨。肩部是羽状肌，分前、中、后三束，起点分别是锁骨外侧、肩峰、肩胛骨的肩胛冈，止点为肱骨的三角肌粗隆。连接肩部的肌肉很多，主要有三角肌、冈下肌、大圆肌、小圆肌，统称为肩带肌。

二、肩部练习方法

练习一　肩上哑铃推举

图 5-4-1

预备姿势：坐姿，双腿分开，双手握住哑铃（杠铃）屈肘举至头部两侧，保持上臂、前臂呈90°且前臂与地面垂直（图5-4-1）。

练习方法：双手慢慢举哑铃至伸直。短暂停留后，慢慢放下哑铃，还原至起始处（图5-4-2）。

练习作用：发展三角肌。

注意事项　在抬举哑铃时，手腕保持平直，不要耸肩、含胸。

图 5-4-2

练习二　前平举

预备姿势：两脚开立，稍挺胸收腹，两手握住哑铃，两臂自然垂直于体前（图5-4-3）。

练习方法：手肘微屈，手臂经体前上举至肩部上方，停留1~2秒，如使用哑铃，一般两手交替练习（图5-4-4）。

练习作用：发展三角肌前束部分。

注意事项　手腕保持平直，避免因手腕上扬或下垂引起前臂肌群肌紧张。动作用力点应集中在肘关节上，而不是在手腕上。

图 5-4-3

图 5-4-4

练习三　侧平举

预备姿势：正坐或站立两（单）手持哑铃，虎口向前，自然下垂于体侧（图5-4-5）。

练习方法：将哑铃由体侧向上提起，提至肘高于肩时，沿原路线返回（图5-4-6）。

练习作用：发展三角肌中束部分。

注意事项　手腕保持平直，手肘主要发力。不要含胸、缩颈，耸肩。

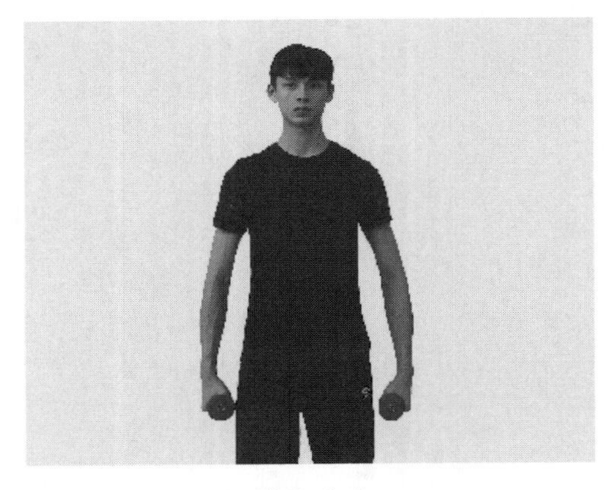

图 5-4-5

练习四　俯立（坐）侧平举

预备姿势：俯立（两腿微屈，上体前屈与地面平行）或俯坐，两手对握哑铃自然下垂（图5-4-7）。

练习方法：持哑铃向侧上方提起，肘、肩、腕在同一垂面内，上提超过肩高位时，停留1~2秒，还原成预备体姿（图5-4-8）。

练习作用：发展三角肌后束部分。

图 5-4-6

图 5-4-7

> **注意事项** 手臂要垂直于地面向上张开，头部与背部应该保持水平，手臂自然屈肘。

图 5-4-8

练习五 提拉杠铃（哑铃）

预备姿势：两腿微屈分立，略挺胸收腹，两手握住杠铃，自然下垂于体前，目视前方（图5-4-9）。

练习方法：两臂屈肘，贴近体前向上提至胸部上方，窄握距时两臂向内夹拢，短暂停留后，慢慢沿原路线返回至预备体姿（图5-4-10）。

练习作用：窄握距主要锻炼三角肌前束和斜方肌。中握距主要锻炼三角肌前束。宽握距主要锻炼三角肌前、中束。

图 5-4-9

> **注意事项** 提起杠铃时，不要含胸或身体前倾。根据握距不同，训练目的有所差异。

第五节 胸部练习

一、胸部肌肉结构

胸部肌肉有胸大肌、锁骨下肌、前锯肌。胸大肌位于胸前皮下，为扇形扁肌，分为外侧缘、中间沟、下沿和上胸部四部分。锁骨下肌是位于锁骨和第一根肋骨之间的一小块呈圆桶形肌肉。前锯肌是位于胸廓的外侧面，肋骨和肩胛间的一块薄的肌肉，其前上部被胸大肌和胸小肌所覆盖，是一宽大的扁肌。

图 5-4-10

图 5-5-1

图 5-5-2

图 5-5-3

图 5-5-4

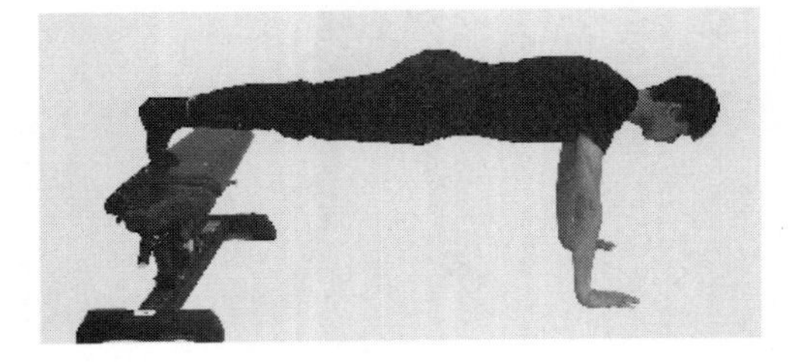

图 5-5-5

胸部训练有两个基本的练习是飞鸟和卧推。在飞鸟动作中，扩展的两臂以胸肌的收缩力量将哑铃以某种“抱”的动作在胸上相交。在卧推动作中，将杠铃上推离开胸部，在此过程中除胸肌的主要力量外，还调动了三角肌前束和肱三头肌的力量。卧推能发达胸部的全部肌肉。

二、胸部练习方法

练习一　平地俯卧撑

预备姿势：双腿并拢伸直，用脚尖撑地，伏地挺身趴于地板上，腰背挺直，身体呈一直线，双手张开成1.5倍肩宽，手肘伸直并撑起身体（图5–5–1）。

练习方法：手肘自然向外弯曲使身体下降，当身体达最低点时，在此停留1～3秒后，用力撑起身体（图5–5–2）。

练习作用：增强胸肌。

注意事项　胸部一定要挺起，保持背部挺直及腹部、臀部收紧。重复练习15~20次。

初练者如果力量不足，可先做膝盖支撑（图5–5–3）或做上斜俯卧撑（图5–5–4），随着力量的逐渐增长，当正常俯卧撑每组次数超过15~20次时，可用抬高脚部来增加动作难度（图5–5–5）。

练习二　仰卧推举哑铃（杠铃）

预备姿势：仰卧在长凳上，躯干呈“桥

形”，上背部和臀部触及凳面，腰部用力向上挺起，两手持铃应平行于肩，双手手肘微弯。如用杠铃，握距采用“宽握距”，置于胸部上方（图5–5–6）。

练习方法：向上推起。身体始终保持“桥形”，要求在推起过程中始终保持挺胸沉肩的体姿，当两臂尚未完全伸直时，收回手臂，开始下一次练习（图5–5–7）。

练习作用：训练胸大肌及胸小肌，塑造胸型。

注意事项

哑铃位置不要往头部方向太过靠近，要超过锁骨，否则压力会落在肩膀上及背上。手肘不要伸得太直，否则容易对肘关节造成太大的压力与不适，注意握铃方向与身体呈现平行状态。

在练习时，可以改变卧推的角度，仰卧在不同角度的长凳上，可发展胸部的不同部位：平卧可以锻炼整个胸部。上斜卧推主要锻炼胸肌的上部及三角肌前束上。下斜卧推主要锻炼胸部的下缘和外侧缘的下部。练习时要注意斜板的角度，上斜的角度如超过30°角，动作的用力点会转移到三角肌；而下斜的角度如超过20°角，用力点会转移到背阔肌（图5–5–8、图5–5–9）。

练习三　仰卧飞鸟

预备姿势：仰卧在长凳上，身体呈“桥形”。两臂自然伸直，两手握哑铃于肩关节的垂线上方，两手间距离略小于肩宽（图5–5–10）。

练习方法：两手持铃向体侧慢慢屈肘落

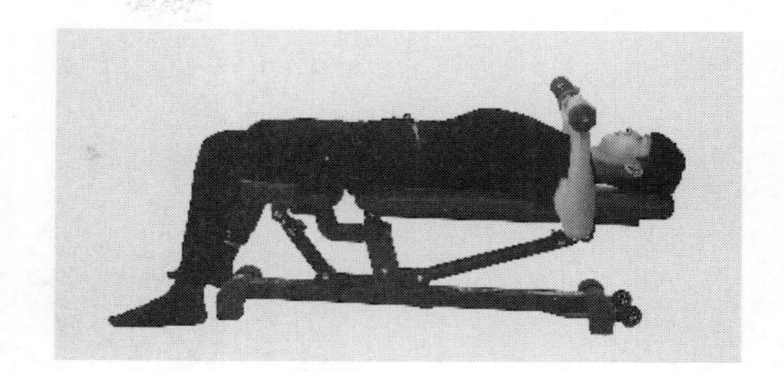

图5-5-6

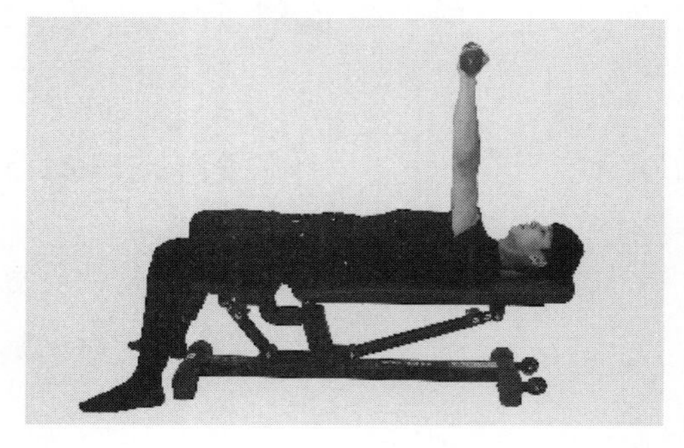

图5-5-7

图5-5-8

图5-5-9

图 5-5-10

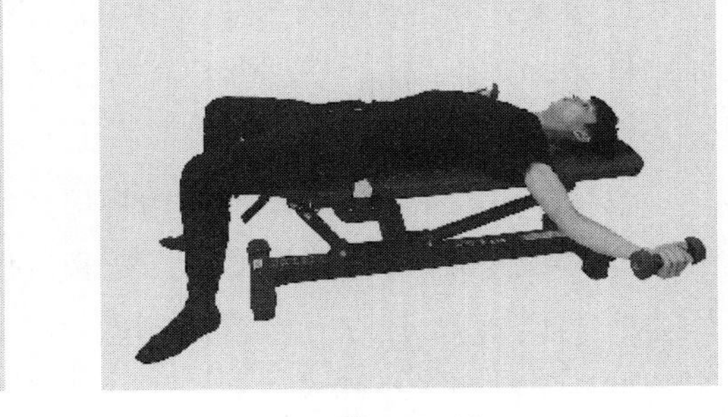
图 5-5-11

下，伴随着哑铃下降，肘间角度逐渐变小，下降到体侧时，还原（图5-5-11）。

注意事项　胸大肌主动收缩，哑铃上举路线呈“弧形”，在整个动作过程中，要求肩、肘、腕始终在同一垂面内。

练习四　蝴蝶机坐姿夹胸

预备姿势：正坐凳上，背部贴紧凳面，两臂张开与肩齐平。

练习方法：以胸大肌的收缩力将两臂由两侧向前于胸前夹拢。停留1~2秒，两臂慢慢张开还原。

练习作用：坐姿夹胸是锻炼胸大肌的线条和形态。有两种训练方法，一种是握住手柄作夹胸动作（图5-5-12、图5-5-13），另一种是两前臂夹住手柄直臂夹胸，可以集中以胸大肌收缩力（图5-5-14、图5-5-15）。

注意事项　在动作过程中，上体保持位置相对固定。始终保持背部贴紧凳面，两上臂与肩同高。

图 5-5-12

图 5-5-13

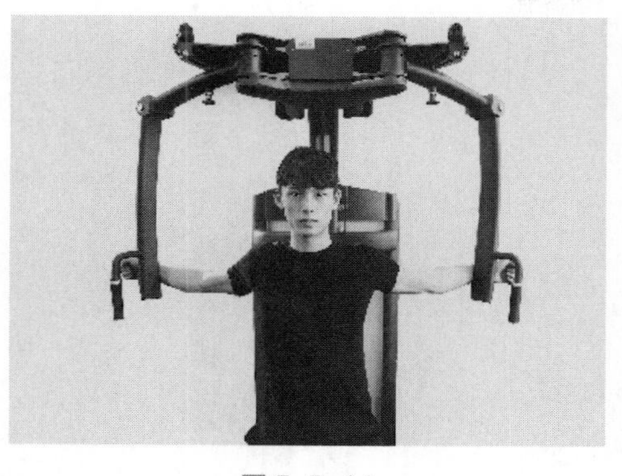

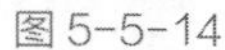

图 5-5-14

图 5-5-15

练习五　仰卧屈臂上拉

预备姿势：上背部下斜仰卧在垫上，两腿弯曲，两脚分开比肩稍宽，挺胸收腹。两臂屈肘上举于头上方，与地面成水平位。两手用虎口托住哑铃一端，哑铃自然下垂（图5-5-16）。

练习方法：以胸大肌的收缩力量将两臂向前夹拢上抬，至垂直于地面时，两臂基本伸直，停留1~2秒，沿原路线返回成预备姿势（图5-5-17）。

练习作用：此练习为锻炼上胸部的重要动作。

注意事项　始终保持挺胸收腹、沉臂松腰。动作过程中注意“夹胸”。

练习六　双杠臂屈伸

预备姿势：双臂屈肘支撑于双杠上方，抬头，屈膝（图5-5-18）。

图 5-5-16

图 5-5-17

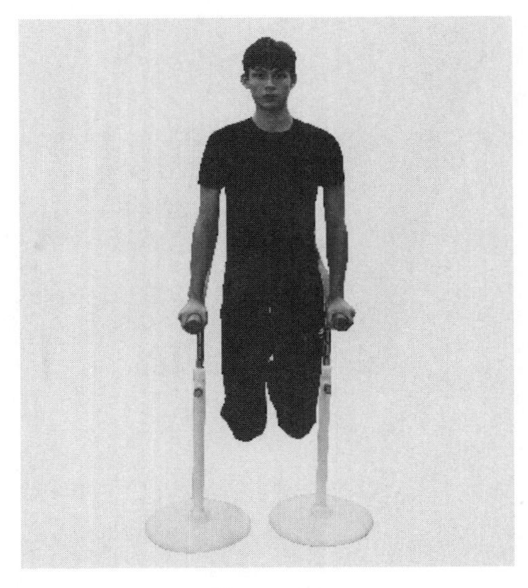

图 5-5-18

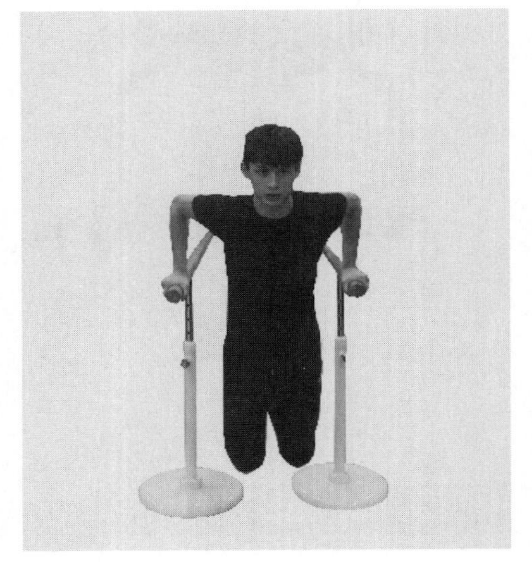

图 5-5-19

练习方法：以胸大肌的主动收缩力量撑直双臂，当上臂超过水平位时，低头含胸收腹，身体重心向后移，直到两臂伸直。然后沿原路线返回，呈预备姿势（图 5-5-19）。

练习作用：练习胸大肌。

注意事项　屈肘支撑时抬头，尽量向前引体；伸直时低头含胸收腹，臀部后移。

第六节　背部练习

一、背部肌肉结构

背部肌肉在日常生活中的负荷量比较低，是平常较少锻炼到的地方，但背部肌群的训练却非常重要。背部肌肉包括背阔肌、骶棘肌、斜方肌、竖脊肌。背阔肌位于腰背部和胸部后下外侧的皮下，为最大的阔肌，上部被斜方肌遮盖；骶棘肌位于躯干脊椎两侧，从骶骨到枕骨，是一强大的脊椎伸肌；斜方肌位于颈部及背上部的皮下，为三角形扁肌，两侧相合为斜方肌；竖脊肌位于躯干背面深层长肌。发展背部肌群，可以把后背练得丰厚挺直，形成上宽下窄的“V”字形。在杠铃或哑铃练习中采用不同的握距可达到不同的效果。窄握和对握重点发展上背部肌群可使背部显得丰厚挺直。中握和宽握重点发展背阔肌及其延长部位。可使背呈上宽下窄“V”字形。因此在进行背部肌群的练习时，可根据需要，采取不同的握距，进行全面系统地训练。

二、背部练习方法

练习一　俯卧挺身

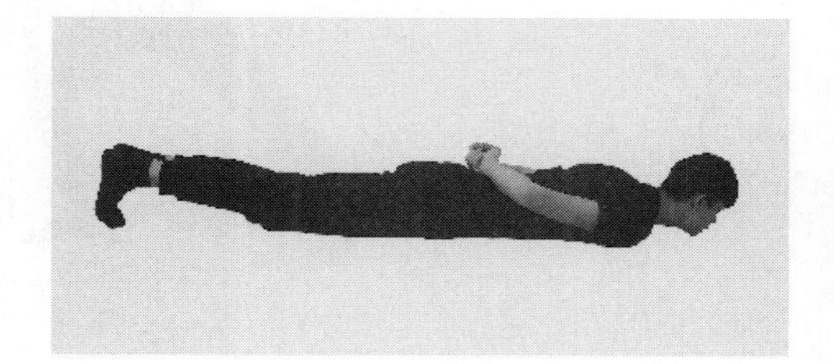
图5-6-1

预备姿势：俯卧，两手置于腰后（图5-6-1）。

练习方法：下半身不动，慢慢抬起上半身。感受到下背部肌肉的收缩后，缓缓地放下上半身。反复进行此动作（图5-6-2）。

图5-6-2

练习作用：伸展背部及肩胛骨，发达背阔肌。

注意事项　抬起上半身同时，收紧臀部和大腿后群肌肉。

练习二　跪撑提拉哑铃

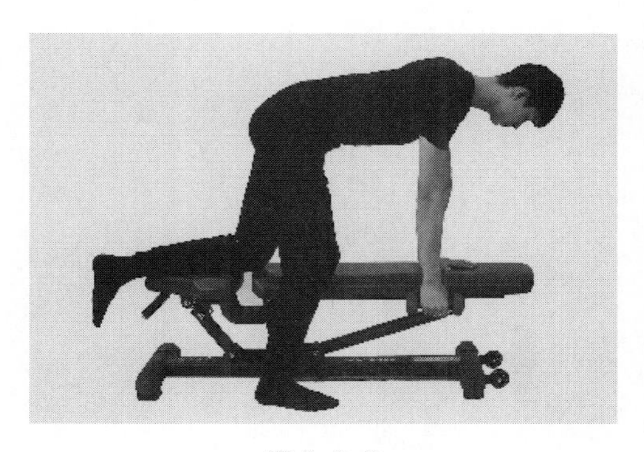
图5-6-3

预备姿势：将左侧手、脚膝盖支撑于长凳上（图5-6-3）。

练习方法：右手慢慢地将哑铃朝斜后方提拉，将哑铃提至手肘比背部略高的位置，然后缓缓还原到预备的姿势。反复进行此动作然后换方向（图5-6-4）。

图5-6-4

练习作用：发达背阔肌和大圆肌，还能发达三角肌后部和肱二头肌，加强背部厚度。

注意事项　手肘不要过度弯曲，用背部肌肉上拉动作。

练习三　站立提拉哑铃

预备姿势：站姿，左脚向前踏出一步，左

图 5-6-5

图 5-6-6

手撑在左膝上，上体前倾，右手握哑铃于腹侧的位置（图 5-6-5）。

练习方法：背部肌肉带动右手慢慢向后上方提拉，拉直后停住数秒不动，慢慢收回（图 5-6-6）。

练习作用：锻炼斜方肌和菱形肌肉，可消除背部的赘肉，锻炼肩部肌肉，修饰肩部的曲线。

注意事项 手肘位置始终不变。

练习四　提拉杠铃

图 5-6-7

图 5-6-8

预备姿势：两脚开立与肩同宽，脚趾朝前，两腿微屈，挺直背部，收腹，上背部与地面平行，两手持杠铃下垂于腿前（图 5-6-7）。

练习方法：先将杠铃直臂向后拉引至小腿胫骨前，然后屈肘，使横杠沿小腿上提，最后提至小腹前，同时上体上抬 15° ~20° 角。短暂保持这一姿势，再沿原路线还原成预备姿势（图 5-6-8）。

练习作用：锻炼背阔肌、肱二头肌。

注意事项 杠铃的重量适当，确保技术动作不会变形。

图 5-6-9

图 5-6-10

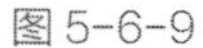

练习五　俯身侧举哑铃

预备姿势：坐姿，上体前俯，双手持哑铃，手臂自然下垂，虎口朝前（图 5-6-9）。

练习方法：手肘微弯曲，双手臂左右张开上抬至侧平举后，稍停，还原。哑铃也随之上下摆动（图 5-6-10）。

练习作用：锻炼三角肌后部、菱形肌，使背部肌肉结实。

注意事项　手臂抬起时，上体保持不动。

图 5-6-11

练习六　重锤下拉（向前）、重锤下拉（向后）

预备姿势：正坐凳上，两脚自然分开，两手向上伸直握住拉柄或横杆（图 5-6-11、图 5-6-12）。

练习方法：垂直下拉手柄至胸前第 3～4 肋骨处或下拉横杆于颈后肩上。两肩胛骨向脊柱靠拢，然后慢慢伸直两臂（图 5-6-13、图 5-6-14）。

练习作用：锻炼上背肌。

注意事项　向体前下拉时，上体稍后仰，向体后下拉时，低头；尽量挺胸，臀部不能随意抬起。

图 5-6-12

图 5-6-13

图 5-6-14

图 5-6-15

图 5-6-16

练习七　T 杠划船

预备姿势：两脚开立与肩同宽，脚趾朝前，两腿微屈，挺直背部，收腹，上背部与地面平行，双臂下垂于腿前，两手持T杠（图5-6-15）。

练习方法：将杠铃向后拉提至小腹前，同时上体上抬。短暂保持这一姿势，再沿原路线还原成预备姿势（图5-6-16）。

练习作用：锻炼背阔肌、肱二头肌。

注意事项　杠铃的重量适当，确保技术动作不会变形。动作过程中始终保持抬头、挺胸、紧腰的身体姿势。

练习八　站立拉力器划船

预备姿势：两脚自然开立，两腿微屈，挺胸收腹，两手握住手把，上体前倾，两臂自然伸直（图5-6-17）。

练习方法：双肘向后用力，将手把拉提至小腹前，身体直立挺胸，肩胛骨回缩，稍停，再沿原路线还原成预备姿势（图5-6-18）。

练习作用：锻炼背部肌群。

注意事项　动作过程中始终保持抬头、挺胸、紧腰的身体姿势。

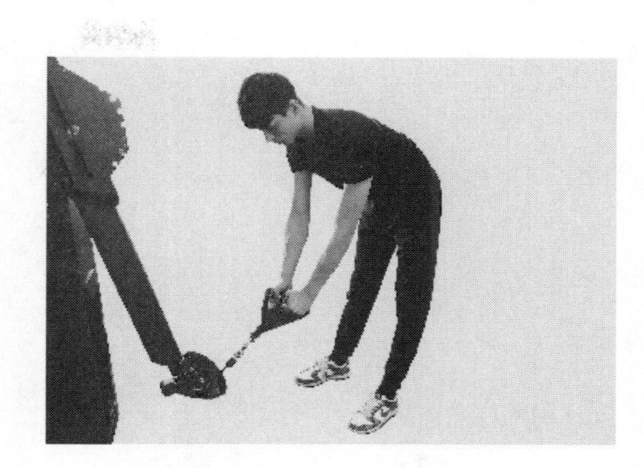
图5-6-17

图5-6-18

第七节　腰、腹部练习

一、腰腹部肌肉结构

人体核心由腰、骨盆和髋关节的肌肉组织组成，其稳定性可以预防脊椎弯曲受伤、提高脊椎部位的平衡能力，从而为有效的动力传递、力量组合提供基础保障，最终产生准确、安全的动力性活动。核心肌群于腰腹周围环绕着身躯，是负责保护脊椎稳定的重要肌群，核心稳定性与核心力量训练是一种综合体能训练方法，如果核心肌群没有锻炼好，其他部位再怎么锻炼，形体看起来还是姿势不正、不协调。借助训练核心肌群的局部运动，除了可以减少脂肪囤积，也可以加强核心肌的耐力，帮助核心肌群更有力地支撑上半身，达到改善姿势的目的。

图5-7-1

二、腰腹部练习方法

练习一　侧转体

预备姿势：坐在垫子上，腰背挺直，脊椎与地面垂直，手心朝上，双手侧平举。

练习方法：上体向左转，仅上半身扭转90°，手臂保持不动（图5-7-1），还原。做反方向练习（图5-7-2）。

图5-7-2

练习作用：用于强化腹直肌及腹外斜肌，增强腹部肌力。

注意事项　练习中保持骨盆以下不动。

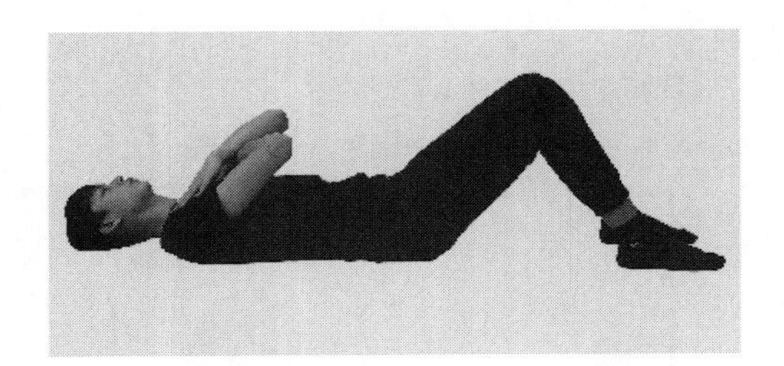

图 5-7-3

练习二　仰卧起坐

预备姿势：仰卧，双腿自然弯曲，两个膝盖之间隔开一个拳头的距离，双手交叉环抱胸前（图 5–7–3）。

练习方法：呼气的时候腹部带动上身慢慢抬起，吸气下落回到起始位置（图 5–7–4）。

练习作用：是练习腹肌的基础动作，在练习初期是最有效的动作，主要锻炼腹直肌。

注意事项　胸椎及胸椎以上部分抬起，腰椎部位不要离开垫子。颈椎不要用力，配合呼吸不要憋气。

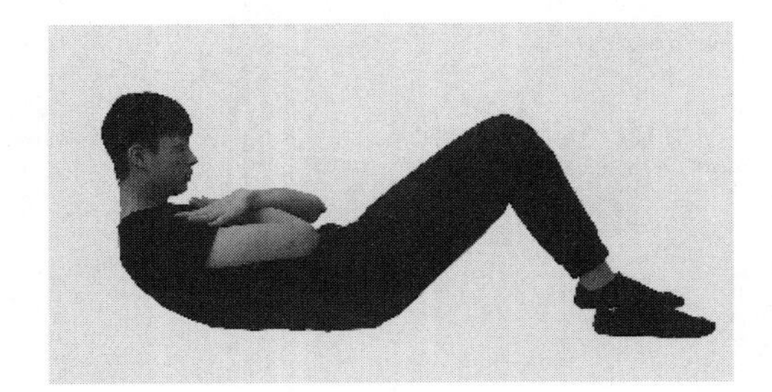

图 5-7-4

练习三　扭身腹部训练

预备姿势：仰卧，双手放在耳后，双腿弯曲大小腿呈 90°。

练习方法：抬起上身向右，右腿屈膝上抬向右，左肘触碰右膝（图 5–7–5），吸气，还原。换方向练习（图 5–7–6）。

练习作用：强化腹部，增强腹部肌力和耐力。

注意事项　保持骨盆稳定，每次做动作结束都要回到预备姿势，下背部尽力贴住垫子，配合呼吸，不要憋气。

图 5-7-5

图 5-7-6

练习四　扭身仰卧起坐

预备姿势：上半身躺在地上，双手扶于头后，两腿屈膝，双脚放在凳上。

练习方法：抬起上半身同时扭转，肩胛骨离开地面即可。感受到腹侧部的用力后，稍停，慢慢还原。左右交换地反复进行此练习（图5-7-7）。

练习作用：锻炼侧腰肌、腹外斜肌、背肌、收紧腰腹部。

注意事项　不要低头，含胸。

图5-7-7

练习五　仰卧蹬单车

预备姿势：仰卧，双手放在身体的两侧，将双腿抬高。

练习方法：屈右腿，左腿蹬伸，如踩单车一般，双腿来回交换向前蹬（图5-7-8）。

练习作用：强化下腹部力量，塑造下腹部肌肉。

注意事项　配合呼吸不要憋气，蹬腿时尽量将膝关节伸直。

图5-7-8

练习六　仰卧举腿

预备姿势：仰卧，双手放在腰下面，双腿伸直。

练习方法：慢慢将双腿上抬，抬离地面大约50厘米（图5-7-9）。

练习作用：锻炼下腹部，塑造下腹肌。

注意事项　动作尽量缓慢。

图5-7-9

图 5-7-10

图 5-7-11

图 5-7-12

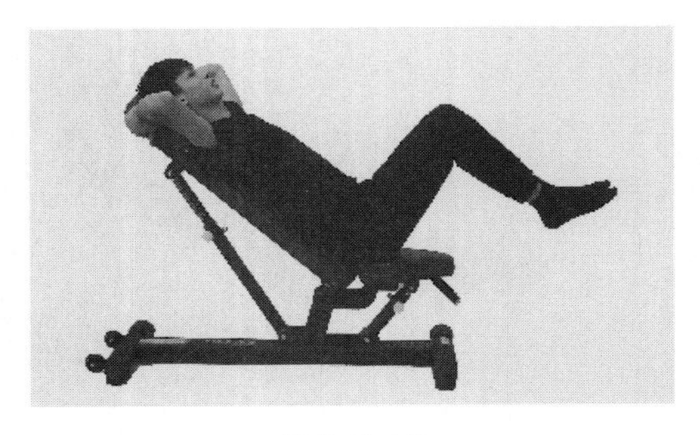
图 5-7-13

练习七　两头起

预备姿势：仰卧，手臂向上自然伸直（图 5-7-10）。

练习方法：呼气的同时抬起上身和双腿，使双手可以触到双脚的脚面为宜。吸气的同时慢慢落下（图 5-7-11）。

练习作用：强化腹直肌。

注意事项　上下肢同时抬起，膝关节尽量不要弯曲。

练习八　坐姿举腿

预备姿势：坐在一个平板凳上或垫上，双手在身后支撑，上体略向后仰，双腿屈膝抬离地面，大小腿间的夹角不要小于 90°。

练习方法：靠下腹部肌力将双腿向上抬高，尽量贴近胸部，然后慢慢放下，但是不要接触地面，保持悬空状态，重复练习（图 5-7-12）。

练习作用：增强下腹部肌力。

注意事项　仅臀部坐在凳上或垫上，大、小腿处于悬空状态，腹部收紧发力，靠下腹部力量带动下肢。

练习九　斜板举腿

预备姿势：仰卧在斜板上，双手在头部两侧抓住斜板固定身体（图 5-7-13）。

练习方法：慢慢蜷身将双腿上抬，使臀部和下背部离开凳面，大腿尽量贴近胸部，稍停，然后还原成预备姿势（图5-7-14）。

练习作用：锻炼下腹部，塑造下腹肌。

注意事项　动作尽量缓慢。力量不足的情况下，可适当弯曲膝关节。

图5-7-14

练习十　平板支撑

预备姿势：俯卧，双肘弯曲支撑在地面上，上臂垂直于地面，双脚前脚掌踩地。

练习方法：身体离开地面，躯干伸直，头部、肩部、胯部和膝关节保持在同一平面，腹肌收紧，盆底肌收紧，脊椎延长，眼睛看向地面，保持均匀呼吸（图5-7-15）。

练习作用：有效地锻炼腰腹部，被公认为训练核心肌群的有效方法。

注意事项　腰部不要往下塌，保持均匀呼吸。

图5-7-15

第八节　臀部练习

一、臀部肌肉结构

臀肌属髂肌后群，分为三层。浅层有臀大肌与阔筋膜张肌，臀大肌是维持人体直立和后伸髋关节的重要肌群。臀肌中层由上而下依次是臀中肌、梨状肌、上孖肌、闭孔内肌、下孖肌和股方肌。深层有臀小肌和闭孔外肌。肌群被脂肪组织覆盖。臀部的最上延伸至髂骨，最下到水平臀肌折纹。

二、臀部练习方法

练习一　仰卧挺髋

预备姿势：仰卧在垫子上，双腿屈膝，双脚分开与肩同宽，双手自然放在

图5-8-1

图5-8-2

身子的两侧（图5-8-1）。

练习方法：呼气的同时臀部用力将髋部顶起，吸气的同时慢慢回落（图5-8-2）。

练习作用：强化腰、臀部肌肉，对臀部形状轮廓塑造有明显的作用。

注意事项　回落的时候臀部不要接触到垫子。

练习二　俯卧跪撑后伸腿

预备姿势：脚踝处绑沙袋，跪撑在垫上，收腹，保持髋部不动（图5-8-3）。

练习方法：呼气的同时一条腿保持支撑，另一条腿屈膝上伸，吸气的同时慢慢回落。一条腿做完一组以后再换腿练习（图5-8-4）。

练习作用：塑造臀部轮廓。

注意事项　膝盖高度超过臀部高度。

图5-8-3

图5-8-4

练习三 侧卧屈膝外展

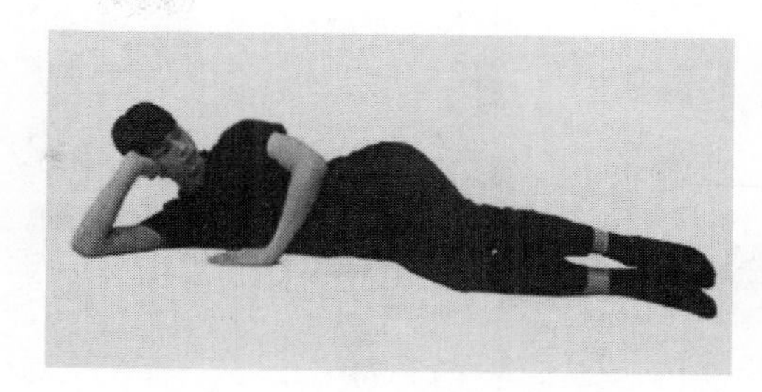
图 5-8-5

预备姿势：身体正侧卧，手肘支撑头部，大小腿呈90° 屈膝（图5-8-5）。

练习方法：呼气的同时，慢慢抬起上面的腿，保持大小腿呈90°，吸气的同时慢慢回落。一条腿做完一组再换腿练习（图5-8-6）。

练习作用：紧实臀部，去除多余脂肪。

图 5-8-6

注意事项 练习中骨盆始终保持不动。

练习四 站姿后伸腿

预备姿势：脚踝处绑沙袋，站姿，双手扶住一个固定物，身体前倾。

练习方法：呼气的同时一条腿保持支撑，另一条腿屈膝向后上方伸腿，吸气的同时慢慢回落。一条腿做完一组以后再换腿练习（图5-8-7）。

练习作用：强化臀部肌肉。

图 5-8-7

注意事项 支撑腿可略弯曲膝盖。

练习五 站立侧抬腿

预备姿势：站姿，在左腿脚踝处绑沙袋，右手扶住固定物，右腿站稳固定，挺胸收腹（图5-8-8）。

练习方法：呼气的同时，向外侧抬起右腿，吸气的同时慢慢回落到起始位置。换右腿，两腿交替进行（图5-8-9）。

练习作用：紧实臀部，去除多余脂肪。

图 5-8-8

图 5-8-9

注意事项　保持骨盆稳定的情况下尽量抬至与地面平行位置。

练习六　弓箭步深蹲

预备姿势：双手持哑铃在身体的两侧，在身体后一步的位置放一个凳子，将左脚搁于凳上，右腿支撑（图 5-8-10）。

练习方法：吸气的同时，慢慢向下蹲，蹲至右腿的大腿尽量与地面平行的位置，膝盖和脚尖同方向，膝盖不要超过脚尖。呼气的同时，右侧臀部肌肉发力带动腿部慢慢站起。一条腿做完一组换腿练习（图 5-8-11）。

练习作用：强化臀大肌及股四头肌。

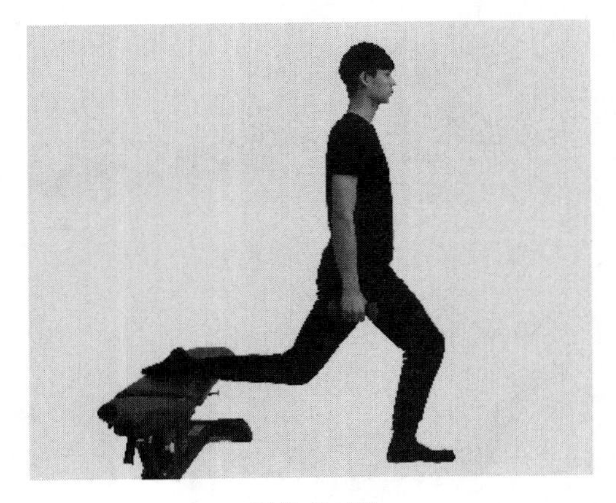

图 5-8-10

注意事项　上体保持正直，不要随下蹲向前俯身。

练习七　负重深蹲

预备姿势：杠铃放在肩膀（斜方肌和三角肌中束）上，双手于肩侧握杠，双脚与肩同宽站立，脚尖略微向外（图 5-8-12）。

练习方法：吸气的同时，慢慢屈膝深蹲，脚尖和膝盖保持同方向，呼气的同时腿部和臀部同时发力慢慢起身回到起始位置（图 5-8-13）。

练习作用：强化臀大肌及股四头肌群。

图 5-8-11

注意事项　如果因跟腱长度原因，不能做深蹲动作，可在足跟下垫 2~3 厘米厚度板。

图5-8-12

图5-8-13

第九节 腿部练习

一、腿部肌肉结构

腿部肌肉可以分为三个肌肉群：包括大腿的股四头肌肌肉群、腿筋肌肉群和小腿的腓肠肌群。股四头肌肌肉群是由四块大腿前侧的肌肉构成——股外侧肌、股内侧肌、股中间肌以及股直肌。腿筋肌肉群是由大腿后侧的肌肉块组成的——半腱肌、半膜肌以及股二头肌。腓肠肌处于完全拉伸状态的时候，会形成钻石状。

二、腿部练习方法

练习一 持哑铃弓箭步下蹲

预备姿势：站立。左腿向前迈一步，吸气的同时下蹲至左腿大腿与地面平行位置，脚尖与膝盖同方向，膝盖不要超出脚尖（图5–9–1）。

练习方法：呼气的同时慢慢起身，将左腿收回到起始位置；再换右腿重复同样动作动作，左右腿交换练习（图5–9–2）。

练习作用：消除腿部多余脂肪，塑造腿部形态。

注意事项　动作过程中，始终保持腰背直立。

图5-9-1

图5-9-2

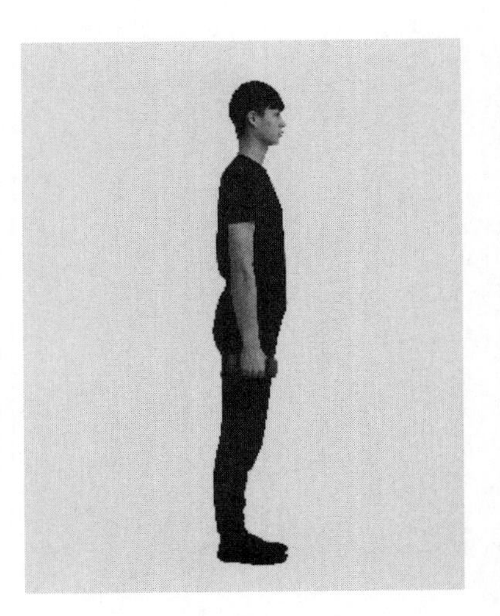

图5-9-3

图5-9-4

练习二　站立提踵

预备姿势：双脚自然站立，双手持哑铃，手臂自然垂于身体两侧（图5–9–3）。

练习方法：双脚跟上抬至最高位置，再慢慢回落回到起始位置（图5–9–4）。

练习作用：训练小腿肌的耐力，紧实小腿。

注意事项　身体保持正直。

练习三　站立小腿负重弯举

预备姿势：自然站立，双手叉腰，右脚踝关节处缚沙袋（图5–9–5）。

练习方法：重心移至左腿支撑身体，右小腿向后勾腿，勾至小腿与大腿呈90°，慢慢收回左腿，多次重复动作后换腿练习（图5–9–6）。

练习作用：塑造股二头肌的形状与线条。

注意事项　注意保持身体直立状态。

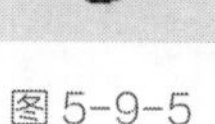

图5-9-5

图5-9-6

图5-9-7

练习四　负重弓步走

预备姿势：将杠铃或其他重物放在肩膀上，双手在双肩外侧握杠，双脚自然站立（图5-9-7）。

练习方法：吸气的同时，左腿向前迈一步，紧接着下蹲，蹲至左腿大腿与地面平行位置，脚尖与膝盖同方向，膝盖不要超出脚尖。呼气的同时慢慢起身并将右腿向前迈，做同样的动作（图5-9-8）。

练习作用：强化大腿肌群。

注意事项　可以单腿计次方式或按照设定距离完成练习。

图5-9-8

练习五　直腿拉重物

预备姿势：直立，双脚分开与肩同宽，两手于双腿外侧握住杠铃，收腹、提臀（图5-9-9）。

练习方法：吸气的同时，慢慢俯下上体，低至杠铃低于小腿处，呼气的同时，臀部，股二头肌稳定将上身带起呈预备姿势（图5-9-10）。

练习作用：强化大腿肱二头肌与臀大肌群肌肉。

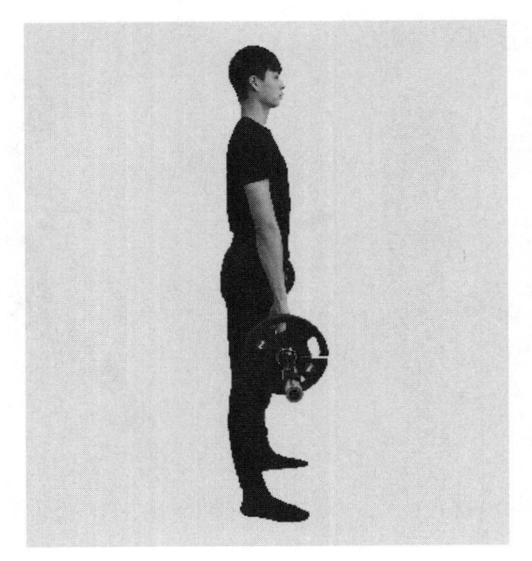

图 5-9-9

图 5-9-10

多次重复动作。

注意事项　膝盖不要弯曲。

思考与练习

1. 请概述如何掌握适宜的运动量？
2. 积极性恢复包括哪些内容，有什么作用？
3. 拉伸练习的作用是什么？

瑜伽练习

瑜伽练习

课题名称： 瑜伽练习

课题内容： 瑜伽练习对模特的作用、注意事项及练习方法

课题时间： 10课时

教学目的： 让学生了解柔韧性练习的作用，引起学生对柔韧性练习的重视；学习基本训练方法。

教学重点： 1．了解进行瑜伽练习对模特的作用。

2．了解瑜伽练习中的注意事项。

3．学习瑜伽练习动作方法。

教学方式： 实践教学

课前准备： 课前查阅有关瑜伽的资料，对瑜伽有初步认识。

第六章　瑜伽练习

第一节　瑜伽练习对模特的作用

瑜伽（yoga）起源于古印度，有若干体系，目前已成为世界公认的一种具有预防和治愈疾病效果的运动方式，属于最自然和行之有效的物理治疗方法之一。瑜伽可以调节生理平衡，调整各个器官的生理机能。经常练习瑜伽可以使人体维持良好的生物状态，可增强体质，预防疾病，促进康复期患者身体功能的恢复，达到强身健体的目的。瑜伽能够消除紧张，安静内心调节神经系统，是一种简单有效的放松和平静心灵的方法。瑜伽还提倡健康的生活态度，通过不停的超越自我，令人充满自信，同时可以修身养性。

瑜伽练习对模特可以有如下作用：首先，瑜伽可以提升模特的平衡力。模特在舞台上表演，要目视前方，不能看着脚下，这就要求模特脚底的感知力要高于普通人，尤其是女模特在表演的过程中经常需要穿10厘米甚至更高跟的鞋表演，这对于平衡能力的要求极高。而瑜伽的练习可以提高模特身体各部位的感知能力，有效提高平衡能力，使模特在表演的过程中能够把步伐走得更稳更有美感。其次，瑜伽可以塑造模特良好的形体。瑜伽练习中肌肉要尽可能的纵向伸展，长期练习可以塑造肌肉的线条，拉伸肌肉、韧带，有效改善模特的柔韧性和承受力。对于女模特而言，经常练习瑜伽，可以使身体更柔软，在表演的过程中更加柔美、优雅，并能减少脂肪并能促进身体循环，增快新陈代谢的周期。再次，瑜伽可以提升模特的心理素质。服装表演对于模特的心理素质要求极高，瑜伽练习可以让模特在练习的过程中平静下来，锻炼集中注意力。瑜伽动作的优雅平缓，可以缓解由职业竞争带给模特的压力，降低自我负面评价，拥有良好的心理素质，提升自信心，进而在表演中能够镇定自若，恰到好处的诠释出服装的内涵。

第二节　瑜伽练习的注意事项

（1）瑜伽练习时着装不宜太紧身，要穿着宽松、柔软、棉质的衣服，以便身体自由活动。练习时尽量避免佩戴饰物，如腰带、手表、项链及耳环等。

（2）热身很重要。可在开始锻炼之前，先做准备活动5分钟，热身并使全身充分活动开，循序渐进，使身体逐渐适应。适当拉伸，增加肌肉及韧带的伸缩性。

（3）练习时应空腹或者饭后2个小时后练习。

（4）练习时可以不必穿鞋，以赤脚为好。

（5）瑜伽练习包含许多柔软动作，练习时难免挤压和拉伸肢体肌肉、韧带，所以应避免在坚硬的地板或过软的垫子上练习，否则容易造成擦伤或因失去重心而受伤。练习可在地毯上或地板上放置瑜伽垫。

（6）如果在保持某一姿势时，感到体力不支或发生痉挛，应立即停止练习，加以按摩或拉伸。痉挛可由疲劳引起，或体内钙缺乏导致。

（7）场地尽量选择在干净、通风、采光好并且安静的地方。空气要新鲜，可以自由吸入氧气。也可以在室外练习，但环境要舒适，不要在大风、寒冷或不洁的、有异味的空气中练习。不要在靠近家具、火炉或妨碍练习的任何场所练习，以免发生意外。

（8）做练习时，集中意识在练习部位和身体感觉上，这会使学习变得更容易且效果更佳。体会动作过程中的身体感觉，比完成姿态更重要。若是左右对称的动作，两边做的次数和幅度要尽量一致，不能只做单侧练习。

（9）练习中可少量饮水，不可吃食物。尽量在练习前排净大小便，减轻负担。

（10）练习时要根据自身的柔韧程度，量力而行，不要超出自己身体承受的限度而强行拉伸，以免造成身体的损伤。动作舒缓，不可突然用力，不要刻意追求“标准”。做任何姿势都应该按部就班、顺其自然、循序渐进。当一个动作伸展到自己能承受的最大限度时，就是做正确了。可容许练习时或练习后身体有一点点酸痛，但如果身体的任何部位出现刺痛感，要考虑可能是肌肉或韧带拉伤，应立刻停下练习。

（11）练习时不要说笑，要专注地呼吸。一般是通过鼻腔呼吸，气息呼入和呼出都必须要缓慢，保证每次吸入和呼出的时间长度相等，并要注意持续的进行，这有助身体放松，同时可以镇定练习者的心绪，使练习者更好的进入平稳宁静的状态。

（12）练习后，应该采取静卧放松。静卧时，闭合双目，双足自然分开，与肩同宽，双手掌心向上，配合缓慢的腹式深呼吸，吸气至丹田，然后吐气，吐气应比吸气时间长，全身尽量放松。

（13）每天坚持练习半小时比一周中集中时间练习效果好得多。

第三节　瑜伽练习的方法

练习一　肩部练习

练习作用：能够塑造美化肩颈肌肉，匀称线条，预防肩膀酸痛。

练习方法：

（1）盘腿坐姿，将双手放于膝盖上，背部挺直，平视前方，保持均匀的呼吸（图6–3–1）。

（2）双手于背后进行十指交叉握，掌心相对，肘部伸直，胸部前挺，平视前方。保持姿势10秒（图6–3–2）。

（3）上身慢慢地向前下方贴近地面，到达最大的限度，手臂向后上伸展，保持背部挺直，目视前方的地板。保持姿势5~10秒（图6–3–3）。

（4）上身慢慢地向左侧扭转，右胸向上翻转，左肩贴住左膝，左手置于背部，右手臂向上方尽量伸展，眼睛向右上方看，保持自然呼吸。反方向练习动作相同（图6–3–4）。

（5）双手十指紧扣，双臂向上伸展至极限，使手臂线条拉长，在头上方交叉握拳（图6–3–5）。

注意事项　在练习时，一定要紧紧夹住双肩，胸部前挺，让肩部尽可能地得到舒展。

图6-3-1

图6-3-2

图6-3-3

图6-3-4

图6-3-5

图6-3-6

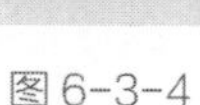

练习二　手臂练习

练习作用：能够使肩部、手臂得到全方位锻炼，可以有效地拉伸和锻炼臂部，消除多余赘肉，让手臂线条更加优美。

练习方法：

（1）跪坐，双膝双脚并拢，挺胸收腹，双手于胸前合掌（图6-3-6）。

（2）吸气，双手渐渐打开，向身体两侧伸展，掌心向前，同时头部向上仰，身体逐渐向后仰，抬头，保持均匀呼吸（图6-3-7）。

（3）渐渐地收回身体，双手在背后相握，十指交叉，头部和身体向前（图6-3-8）。

（4）上身前俯，慢慢地将额头贴近地面，手臂在背后高举，尽量指向天花板，保持均匀的呼吸。坚持几秒（图6-3-9）。

图6-3-7

图6-3-8

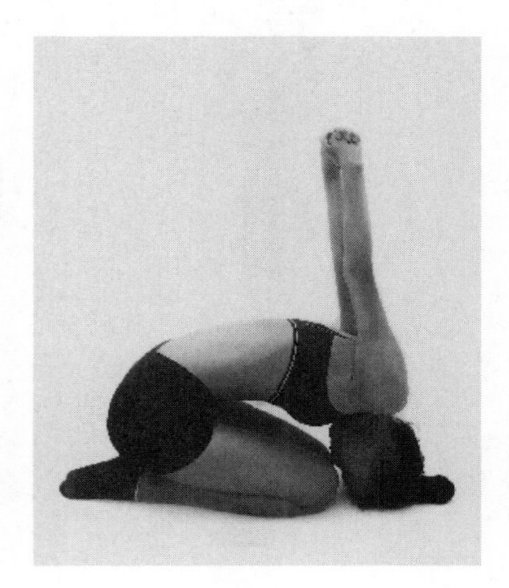

图6-3-9

图6-3-10

（5）再吸气，渐渐抬头和上体，身体还原到最初位置（图6-3-10）。

注意事项

（1）跪坐时双腿一定并拢，手臂在体后上抬时，上体不要弓背。

（2）保持均匀呼吸。

（3）练习时切不可急于求成，勉强练习，要一点点加大难度，循序渐进。

练习三　胸部练习

练习作用：能够使胸部有效的舒展，促进血液循环，改善胸部不良形态。

练习方法：

（1）挺身直立，双脚分开与肩同宽，双手合十放于胸前，手心紧紧相贴（图6-3-11）。

（2）吸气，两手慢慢举向头顶上方，尽量向后伸展手臂，同时胸腰部向前挺出（图6-3-12）。

（3）呼气，两手收回至胸前。

（4）挺身直立，两手臂上举，十指相交（图6-3-13）。

图6-3-11

图6-3-12

图6-3-13

（5）呼气，身体转向左，同时转动手腕，手心朝天，尽量向前挺胸（图6-3-14）。

（6）吸气，身体转回正中，转动手腕，手心朝下。

（7）呼气，换另一侧做同样练习。

（8）重复两次后，微闭双目，静心放松。

注意事项

（1）尽量伸展手臂，减小屈肘关节。

（2）依据个人柔韧情况，尽可能做到自己的最大幅度，但不必过于勉强。

练习四　背部练习

练习作用：能够有效地收紧和锻炼背部，消除多余赘肉，让背部线条更加优美。

练习方法：

（1）站立，屈膝，保持两腿并拢，双手自然垂放于身体两侧（图6-3-15）。

（2）双臂上举保持侧平举，与肩同高，掌心向下，挺胸，背部向前推（图6-3-16）。

（3）双臂缓缓下垂后，双手在背部合十指尖向上，背部继

图6-3-14

图6-3-15

图6-3-16

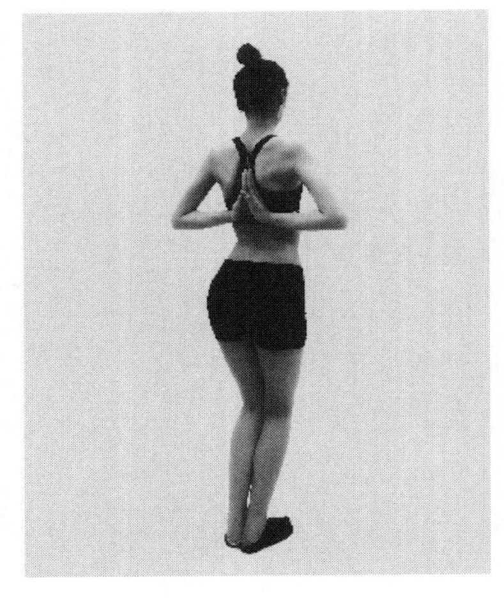

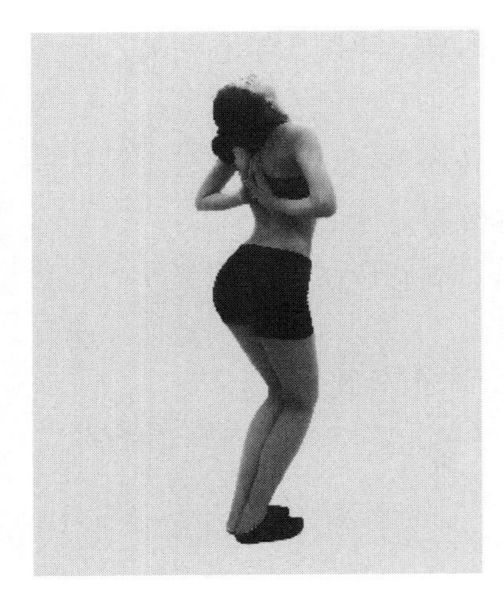

图 6-3-17

图 6-3-18

图 6-3-19

续缓缓向前推（图6-3-17）。

（4）轻轻向上抬起头部，伸展脖颈，同时尽量舒展背部肌肉（图6-3-18）。

（5）双臂在背后慢慢伸直，渐渐向上抬起（图6-3-19）。

注意事项

（1）整个运动过程中保持均匀平稳的呼吸。

（2）做第四步动作时，下颏用力向上抬起。

（3）两腿始终保持并拢。

（4）双臂在背后抬起时伸直。

练习五　腹部练习

练习作用：能够有效地燃烧腹部的脂肪，促进腹部的血液流动，减少腹部的赘肉。同时，还可以减缓由压力和疲劳造成的肌肉僵硬与酸痛。

练习方法：

（1）身体自然垂直站立，双手自然下垂于身体两侧，保持颈部挺直，目视前方（图6-3-20）。

（2）双脚大幅分开，双手侧平举，五指并拢，掌心向下，保持背部直立（图6-3-21）。

（3）左手尽量向上伸展，上体向右侧屈，右手放到右脚的脚踝处，两手臂要在同一直线上垂直地面，眼睛看左手指指尖方向，腰背不要弯曲（图6-3-22）。

（4）双腿呈屈蹲姿势，大腿平行于地面。同时右手扶地，左手向上伸展，

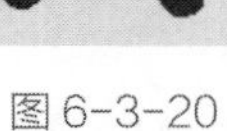
图6-3-20

图6-3-21

图6-3-22

拉伸侧腹部肌肉（图6–3–23）。

（5）双腿慢慢伸直同时上体俯身向下，手臂垂直地面，身体放松（图6–3–24）。

（6）以髋关节为轴，腰部顺时针绕环，手臂保持伸直，反方向动作相同（图6–3–25）。

注意事项

（1）做动作时，身体不要僵硬、死板。

（2）屈蹲时膝盖位置不要超过脚尖，屈蹲注意掌握适宜的幅度。

（3）用手臂来带动身体，轻柔转动。

（4）运动时不要忘记配合呼吸。

图6-3-23

图6-3-24

图6-3-25

练习六　腰部练习

练习作用：能够有效地通过身体的扭转，收紧腰部两侧的赘肉，塑造腰部美丽的线条。

练习方法：

（1）保持站立姿势，双脚打开，比肩略宽，十指交叉，掌心向下，双臂向下伸展（图6–3–26）。

（2）翻转掌心向上，伸直上臂，挺直脊背（图6–3–27）。

（3）缓慢地用手臂带动上体向前倾，直到与地面平行，眼睛看向前方，注意腰背挺直（图6–3–28）。

（4）以髋关节为轴，向右转动上身，做到最大幅度。努力地控制手臂，去感觉腰部用力（图6–3–29）。

（5）上体收回到中央（图6–3–30）。

（6）再向左侧转动，动作相同（图6–3–31）。

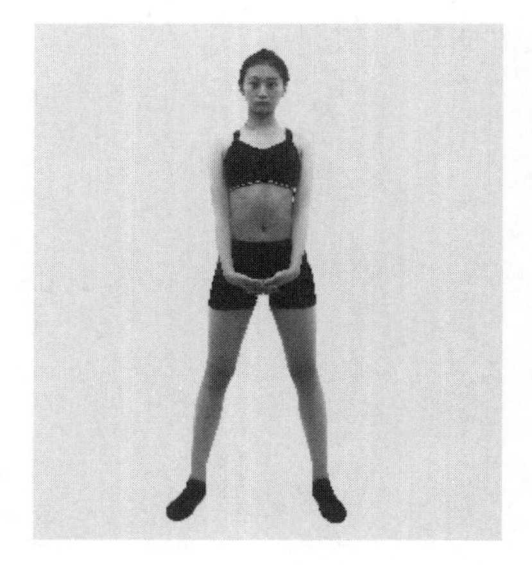

图6-3-26

图6-3-27

图6-3-28

图6-3-29

图6-3-30

图6-3-31

（7）收回手臂，立起腰背部，身体还原，调整呼吸，双脚收回（图6-3-32）。

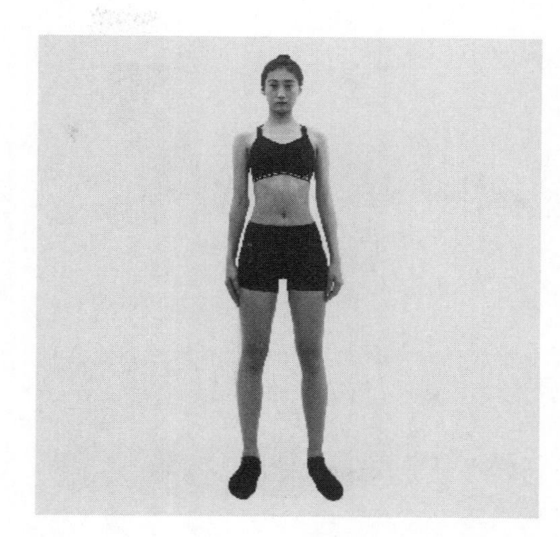

图6-3-32

注意事项

（1）腿部可分开略大，以防重心不稳。

（2）按动作要求配合呼吸，保持呼吸均匀平稳，缓慢运动。

（3）注意保持身体重心不要偏斜，逐渐加大动作难度。

（4）在弯腰扭转上身躯干时，要注意手臂伸直，腰部和脊柱也要挺直。

练习七　脊柱练习

练习作用：能够使脊柱得到有效的伸展，促进血液循环。

练习方法：

（1）面朝下俯卧，双腿伸直并拢，脚面绷直，前额触地或者侧脸贴地均可，两臂自然放在身体两侧，掌心向上（图6-3-33）。

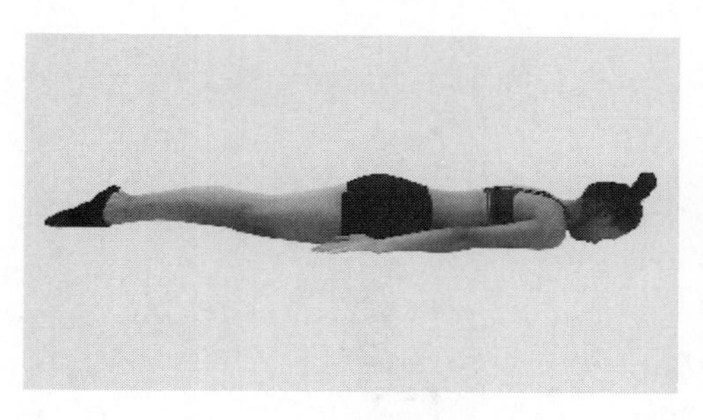

图6-3-33

（2）双手移至胸前，平放在地面上，掌心向下，手掌和前臂贴地，注意保持臀部和大腿、脚面的紧绷感，目视前方的地面（图6-3-34）。

图6-3-34

（3）以手撑地，吸气，同时缓慢抬起上体（抬起顺序是依次抬起头部、胸部、腰部和身体脊柱）。注意，抬起时应先依靠上体肌肉力量，再用手部辅助支撑力量继续抬高，依据个人身体条件，抬到最高位置，抬起后眼睛向上方看，均匀呼吸，坚持这个动作10~30秒（图6-3-35）。

图6-3-35

（4）呼气，依次缓缓放下腹部、胸部、头部，使脊柱一节一节地返回原始姿势。身体平

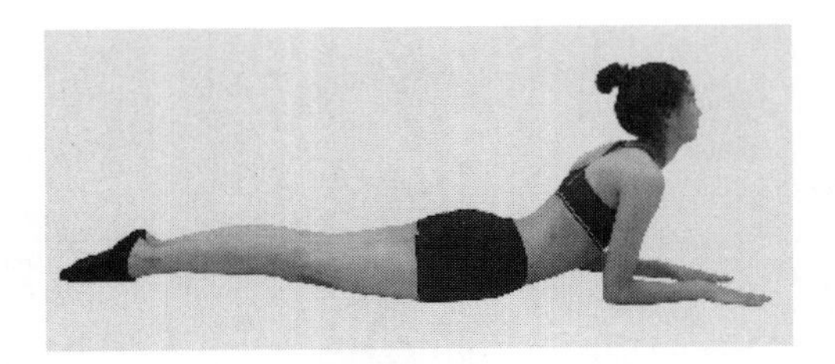
图 6-3-36

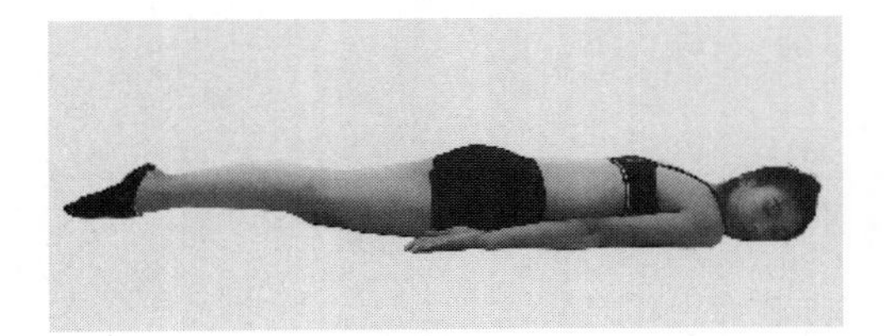
图 6-3-37

图 6-3-38

图 6-3-39

直放松，重复这个动作1~2次（图6-3-36）。

（5）两臂放回身体两侧，掌心向上，头部放在地面上，前额触地或者侧脸贴地，保持放松状态（图6-3-37）。

注意事项

（1）尽量能依靠上体力量向上抬起上身，而不是靠手臂支撑。

（2）依据个人柔韧情况，尽可能高的抬起上身，但不必过于勉强。

练习八　臀部练习

练习作用：能够有效地燃烧臀部的脂肪，促进臀部的血液流动，减少多余赘肉。同时，还可以减缓由压力和疲劳造成的肌肉僵硬与酸痛。

练习方法：

（1）屈膝微蹲，双手合十于胸前（图6-3-38）。

（2）上体右转，左肘放于右大腿上，右肘转向上。臀部尽力往后，保持身体平稳（图6-3-39）。

（3）上体转回正中。换另一侧做同样动作。

（4）还原站姿。

注意事项

（1）配合均匀呼吸，保持呼吸均匀平稳，缓慢运动。

（2）注意保持身体重心稳定，逐渐加大动作难度。

（3）在扭转上身躯干时，腰部和脊柱也要挺直。

练习九　腿部练习

练习作用：能够有效地拉伸腿部肌肉，使腿部更加紧实、有力，腿型也更细长优美。

练习方法：

（1）坐姿，背部挺直，左腿屈膝，小腿紧贴大腿内侧，整个左腿外侧贴于地面，右腿向后伸直，脚面绷直，双手放在身体的两侧。保持此姿势30秒（图6-3-40）。

图6-3-40

（2）右小腿向上弯曲，右手抓住右脚踝处。左手臂向前方伸展，保持身体稳定，自然呼吸，保持此姿势20秒（图6-3-41）。

图6-3-41

（3）回到动作（1），然后向右侧转身，重心向后移，坐于垫上，左腿屈腿姿势不变，翻转左腿，整个左腿外贴于地面，左脚跟靠近臀部，右手握住左脚踝，左手于体侧的地面支撑身体。保持此姿势20秒（图6-3-42）。

图6-3-42

（4）平坐，双腿向前伸直，身体前俯，呼气，用腹、胸、头依次贴向双腿，双手握住双脚，保持自然呼吸。保持此姿势20秒（图6-3-43）。

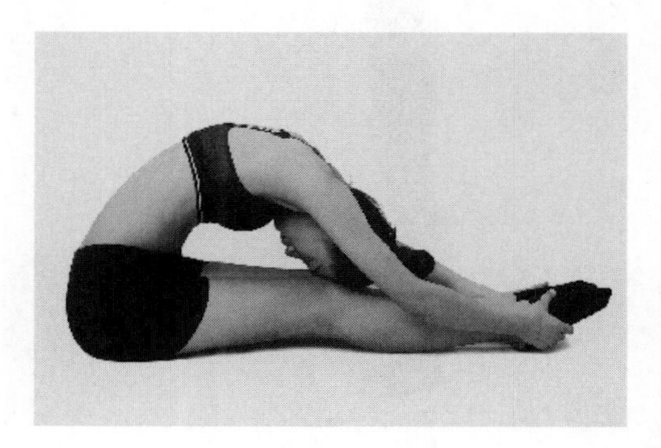

图6-3-43

注意事项

（1）身体的伸展幅度尽量做到自己的最大幅度。

（2）做动作时，要注意身体协调性和控制力，身体保持稳定性、动作不要太过僵硬。

练习十　全身练习

练习作用：能够舒展全身各部位肌肉及韧带，有效地燃烧身体的脂肪，促进全身的血液循环，减少皮下多余脂肪。同时，还可以减缓由压力和疲劳造成的肌肉僵硬与酸痛。

练习方法：

（1）身体直立，双脚自然并拢，沉肩放松，双手在胸前合十，保持全身放松，眼睛平视前方；做三次深呼吸，呼吸均匀平稳（图6-3-44）。

（2）双臂向上抬起，上臂内侧紧紧贴在耳侧；向前顶髋，上身和头部向后稍仰，向上抬起下颏；保持住这个姿势，做一次深呼吸（图6-3-45）。

（3）身体前屈，腰背尽量伸直；双手握住脚踝或支撑地面，将额头尽量贴向小腿胫骨处。保持住这个姿势不动，做一次深呼吸（图6-3-46）。

（4）将头部抬起，双手撑住地面，左腿屈膝撑地，右脚后跨一大步，呈弓箭步，尽可能地将胯部向下压。做一次深呼吸（图6-3-47）。

（5）双手撑地，左脚收回到与右脚并拢位置，伸直双膝，脚后跟尽量向下用力，双脚踩地；向上弓起身体，双肩下沉，肩背下压，尽量用额头去触碰地板；保持平稳的呼吸，放松颈部。做一次深呼吸（图6-3-48）。

（6）向前移动重心，双膝放在地面上，与双手、双脚尖共同支撑身体；手肘弯曲，胸部下颏贴于地面，髋部和腹部尽量抬离地面。做一次深呼吸（图6-3-49）。

（7）撑直手臂，头部带动上体向上抬起，带动脊柱后蜷，颈部向上扬起，眼睛看向上方；大腿和趾骨尽量贴于地面，脚背绷直，臀、腿部向内夹紧。做一次深呼吸（图6-3-50）。

（8）重复动作（5）（图6-3-51）。

图6-3-44

图6-3-45

图6-3-46

图6-3-47

图6-3-48

图6-3-49

图6-3-50

图6-3-51

图6-3-52

（9）重复动作（4）（图6-3-52）。

（10）重复动作（3）、（2）、（1）（图6-3-53~图6-3-55）。

图6-3-53

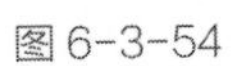

图 6-3-54

图 6-3-55

思考与练习

1. 瑜伽练习对模特的作用有哪些?
2. 瑜伽练习时为什么要根据自身的柔韧程度，量力而行?

训练计划与营养饮食

如何制订训练计划

课题名称： 如何制订训练计划

课题内容： 训练计划的作用及制订训练计划的原则、基本要素

课题时间： 2课时

教学目的： 让学生了解训练计划的作用，引起学生对训练计划的重视；学习制订个人训练计划。

教学重点： 1. 掌握制订训练计划的原则。

2. 熟知训练计划的基本要素。

教学方式： 理论教学

课前准备： 查阅相关资料，对训练计划制订有初步了解。

第七章　如何制订训练计划

第一节　训练计划的作用

模特形体训练主要解决两方面的问题：第一是提高模特形体的表现能力，第二是达到健身、减脂、塑形的目的。

模特形体训练方法虽简单有效而且易于开展，但任何一种训练都必然有它的科学性、系统性、连贯性等特性，所以在开始训练前一定要先制订一个科学的训练计划。

训练计划是对未来训练过程预先做出的设计，是训练过程中的一个重要环节，是对训练过程进行必要的调节和有效控制的基础。通过制订和实施训练计划，可以对“诊断”“指标”等环节的状况做出适宜的评定。这是保证训练过程顺利完成的重要条件之一。

制订训练计划的根本任务就是要把训练目标具体细化，有效控制训练过程，为实现练习者从起始状态向目标状态高效转移，选择和设计最适宜的方法。在制订训练计划时，必须要考虑到全面实现训练目标的需要。练习者的起始状态是训练过程的出发点，制订的训练计划，必须符合练习者的现实状态，既是练习者可以接受的，又是足以促使练习者的训练效果产生明显变化的。

第二节　制订训练计划的原则

一、持续训练法原则

首先，在一次练习中，持续训练是指负荷强度较低、负荷时间较长、无间断地连续进行练习的训练方法。持续训练主要用于发展一般耐力素质，减少体内多余脂肪。持续训练可使运动机能在较长时间的负荷刺激下产生稳定的适应，内脏器官产生适应性的变化；可提高有氧代谢系统供能能力以及该供能状态下有氧运动的强度。其次，持续训练原则还指长期坚持训练，只有持之以恒的按照既定训练计划实施，才能确保训练效果。

二、变换训练法原则

变换训练法是指变换运动负荷、练习内容、练习形式等，可以提高练习者积极性、趣味性、适应性的训练方法。通过变换运动负荷，可使机体产生与有关练习项目相匹配的适应性变化，从而提高承受不同运动负荷的能力。不同负荷后所需要的恢复时间也是不同的，因此，在设计训练计划的结构时必须对不同负荷后所必需的恢复时间予以考虑。通过变换练习内容，可使练习者不同运动素质得到系统的训练和协调地发展，从而使之具有多种运动能力和实际应用的应变能力，同时增加练习者的训练兴趣。另外，不同的训练形式，会产生不同的生理效应。

三、循环训练法原则

循环训练法是指根据训练的具体任务，将练习目标设置为若干个练习，练习者按照既定顺序和路线，依次完成每个练习任务的训练方法。运用循环训练法可有效地激发训练情绪、交替训练不同身体部位。循环训练法的结构因素有：练习内容、运动负荷、练习的安排顺序、练习之间的间歇、每组循环之间的间歇、练习的种数与循环练习的组数。运用循环训练法可以有效地提高不同层次和水平的练习者的训练情绪和积极性。可以防止局部负担过重，延缓疲劳的产生，并有利于全面身体训练。

第三节　训练计划的基本要素

形体训练计划的基本要素包括：练习部位、选择动作、重复次数、练习的组数、间歇时间等。

一、练习部位

在形体训练计划练习部位的选择上应考虑到全面性，依据优先训练方法安排各部位的练习顺序。即在身体各部位全面训练的基础上，根据形体自评和目测的结果，将最需要练习的形体部位安排整个训练计划的最前面。

二、选择动作

在形体训练中每一个部位都有若干个练习动作，但并不是任何一个动作都适合每一个人，在练习动作的选择中考虑个人身体素质、承受能力、练习场地等具体情况，选择那些自身肌肉感觉较明显的动作。

三、重复次数

重复训练是指多次重复同一练习动作，经过不断强化的过程，有利于练习者掌握和巩固动作方法，通过相对稳定的负荷强度的多次刺激，可使机体尽快产生较高的适应性机制。重复的次数，可以根据“竭尽全力原则”，即每组练习必须以“竭尽全力”为标准，来决定每个动作应重复的次数。降低脂肪训练的重复次数一般不应少于30次。以增加肌肉体积为目的的训练，重复次数一般应控制在6~12次。以提高肌肉力量为目的的训练，重复次数一般应控制在1~4次。当可以比较轻松的做完规定次数时，就应该提高动作难度，或适当增加负重。

四、练习的组数

根据练习目的的不同来决定练习的组数。在形体训练中“以减小围度、降低脂肪”为目的的训练每个部位的总组数至少应9组以上，如大腿、臀部和腰腹等女模特比较容易堆积脂肪且围度较大的部位（每个练习部位可选择不同的动作3个，而每个动作在完成3组时效果最好，即该部位的总组数一般应控制在9组甚至更多）。而以增加围度改善肌肉线条为目的的训练，该部位练习的总组数应控制9组之内。例如，大多数亚洲女模特的胸围都相对较小，需要增加肌肉体积，练习中应增加负荷强度，减少重复次数和练习组数，一般训练该部位的总组数应控制在2~3个练习，每个练习3组左右。男模特为了使局部肌肉达到最佳训练效果，每个动作练3~4组为最佳。

五、间歇时间

为保证训练效果，应对练习时的间歇时间作出严格规定，在机体处于不完全恢复状态下，反复进行练习，可使练习者的心脏功能得到明显的增强，机体各机能产生与有关练习项目相匹配的适应性变化。

以减脂为目的的训练每组之间的间歇时间应控制在15秒之内，而以增进围度改善肌肉线条为目的的训练每组之间的间歇可以以自身肌肉感觉为准，即肌肉疲劳、酸痛的感觉恢复60%~70%，再进行一组练习。间歇时不要静坐或静卧，而应采用静止、肌肉按摩或走路等方式进行快速恢复。

训练计划的科学性具有阶段性，一般2~3个月就应该根据形体变化对训练计划加以调整，以确保训练计划的有效性。

思考与练习

1．训练计划的作用是什么？
2．制订训练计划的根本任务是什么？
3．制订训练计划应该遵循哪些原则？
4．训练计划的基本要素包括哪些内容？

训练计划与营养饮食

模特如何控制体重

课题名称： 模特如何控制体重

课题内容： 模特控制或减轻体重的注意事项，过瘦模特如何增加体重

课题时间： 2课时

教学目的： 让学生了解控制体重或减轻体重在饮食方面的注意事项。对消瘦型模特的消瘦原因进行分析，并学习解决方法。

教学重点： 1. 使学生能结合自身实际情况掌握控制或减轻体重的方法。
2. 掌握消瘦原理及改善方法。

教学方式： 理论教学

课前准备： 对运动生理学、运动医学有一定了解。

第八章　模特如何控制体重

第一节　模特控制或减轻体重的注意事项

如果人体的热量摄取大于消耗时，体重就会增加；相反，人体的消耗大于营养物质的摄取量时，体重就会减轻。就职业模特而言，要获得优美的形体，必须辅助以合理的饮食，为此应做到：

（1）注意饮食的营养搭配，食用多种食品，保证各种营养素的全面摄入。

（2）规律进食，每餐定时定量。

（3）适当控制摄入量，降低饮食的热量，当人体消耗的能量超过摄入能量时，身体脂肪细胞的体积会缩小，从而减轻体重。

（4）糖和脂肪不可多食用。糖分除了能提供热量，对人的营养价值并不大，为了保证有效控制体重，少食为佳。

（5）食用含有适当淀粉和纤维素的食物。许多人认为含碳水化合物，也就是主食，容易使人发胖。其实，相比之下奶油、人造奶油、酸奶油、巧克力、果酱等所含的热量，要比碳水化合物高得多。适当吃一些碳水化合物对身体大有益处。另外，一些优质的粗纤维食物，如各种粗粮或者带茎的蔬菜，可以促进肠胃蠕动、加强消化，防止便秘，有益于身体的新陈代谢。

（6）避免不吃早餐，否则经过一夜和一个上午的空腹，体内储存能量的保护机能增强，午餐吃下去的食物更容易被机体吸收，也最容易形成皮下脂肪。日本相扑运动员增加体重的办法之一，就是通过不吃早餐，促使身体发胖。另外，如果不吃早餐，上午血糖易过低，脑意识反应会较为迟缓。不吃早餐还容易患胃溃疡及十二指肠溃疡、胆结石等疾病。

（7）“少食多餐”，更有利于模特控制体重或减重。一些现代营养学家通过实践认为，一日多次、少量的进食，体内脂肪量比一日三餐的体内脂肪量储存得少，因为人体能更有效地代谢少量摄取的热量。

（8）建议养成定时称体重的习惯，每天同一时间同一状态下，建议每日起床后测量体重并进行比较，就能切实地掌握体重的变化。饮食摄入可根据体重变化进行调整。

（9）运动会刺激食欲，为达到减轻体重的目的，运动的同时，要适当控制饮食。另外，要坚持长期运动，否则一旦停止运动，饮食又未得到良好控制，摄入大于消耗，脂肪细胞的体积会迅速膨胀，因而停止运动后体重增加特别快。无论选择哪种运动，都必须持续进行不可间断，否则之前的努力将功亏一篑。当因一些特殊原因停止运动时，要更加注意控制饮食，使摄入能量不超过消耗，这样体重和体形也就相对稳定。

（10）需要减脂的模特，在训练前两个小时内不要进食，不能提前储存热量。因为当人在饥饿状态下运动时，血糖下降，身体会调用肝糖来提供热量，以达到燃烧脂肪的目的。运动后，人的新陈代谢旺盛，急需能源补充，并且吸收性特别强，此时，也不能马上进食，否则身体会超量吸收，导致肌纤维变粗，易形成块状肌肉，建议需要减体重的模特一般在运动后的一小时内不要进食。

第二节　过瘦模特如何增加体重

大多数模特常常被体重超出职业要求标准而困扰，但也有少部分模特，由于过于消瘦，不符合职业需求。消瘦的原因有单纯性和继发性两种。单纯性消瘦主要是由于食欲不佳、消化吸收不良，生活不规律，缺乏身体锻炼使机体不能充分发育，或过度疲劳使消耗的能量大于摄取的能量而造成的。继发性消瘦主要是由于患某些慢性消耗性疾病或内分泌腺机能障碍所导致的，继发性消瘦应先在医生的指导下进行治疗，恢复身体健康后再进行健身训练。

单纯性消瘦的人因消化吸收能力较差，而活动时能量消耗又很多，所以要想强壮起来，就必须使机体的能量储存大于消耗。有些模特单纯服用大量补药或滋补品，希望达到强壮身体、改变体型的目的，效果并不明显。要增加机体能量的储存，就必须增强食欲，增强消化吸收能力，而增强食欲及消化吸收能力的最好办法是运动。

运动能使人新陈代谢旺盛，对消化系统起到一种良好的促进作用，可促使消化液的分泌和胃肠的蠕动，使更多的营养物质被吸收并输送到身体各部。通过肌肉的收缩与舒张，血液循环加强，血液通过肌肉的流量就会增多，肌肉获得的氧及养料也就增加，肌纤维就会在锻炼中逐渐粗壮起来。

运动还可改善神经系统的调节功能，改善组织和细胞的营养状态，促进机体的生长发育。经过长期的运动，可使内脏器官功能增强，肌肉发达，体重增加。对于消瘦的模特来说选择适宜的锻炼项目很重要，器械锻炼对发展肌肉体积效果最好。哑铃、杠铃、拉力器、组合健身器等练习都有强健肌肉组织作用。但每次锻炼要掌握适当的运动量，运动量过小，对肌肉组织就起不到强有力的刺激作用，达不到锻炼目的；运动量过大，则会使能量的消耗大于摄入，当然也不可能强壮起来，过度疲劳还会损害身体健康。一般情况下，训练初期选择小强度、低运动量，随着身体适应性的提高，逐渐加大强度及运动量。

衡量运动量是否适宜的标准，应以运动后每分钟脉搏跳动不得超过170次为准。因为当心脏搏动次数增加时，每次心搏的输出血量也在增加，但如果心搏超过每分钟170次，那么每次心搏的输出量反而会减少。这样机体不可能获得更多的氧和营养物质。训练者每次锻炼的时间不应少于30分钟。一般以每周运动3~4次为宜，这样可以消除运动后的机体疲劳和充分补充消耗的能量。

在锻炼期间，要结合科学饮食，使机体获得充足的养料。还要养成良好的生活规律，情绪要稳定，睡眠要充足，这对吸收营养、减少能量消耗、提高锻炼效果很重要。

消瘦并非在短时间内所形成，因此要想强壮起来，也不可能经过几次锻炼就会奏效，需要有个过程。一般情况下，刚刚开始锻炼时，不仅体重不会马上增加，还有可能出现下降的现象。这是因为机体在运动过程中，体内的脂肪和水分被消耗了的缘故。继续坚持锻炼下去，机体各器官的机能逐渐得到提高，肌肉内部也会发生积极变化，肌肉就会结实粗壮起来，体重就会增加。

只要有毅力，持之以恒，坚持锻炼，并注意循序渐进，劳逸结合，科学饮食，体型就一定会变得健美起来。

思考与练习

1. 请列举五项模特控制体重或减轻体重的注意事项。
2. 消瘦的原因是什么？

训练计划与营养饮食

营养饮食

课题名称： 营养饮食

课题内容： 营养成分原理，食物营养成分价值表

课题时间： 2课时

教学目的： 让学生了解健康饮食的重要性，熟悉营养成分构成及原理。

教学重点： 1. 了解六大类营养素的生理功能及来源。

2. 掌握日常食物的成分价值。

教学方式： 理论教学

课前准备： 对食物成分有一定了解。

第九章　营养饮食

由于模特职业的特殊性，对形体美的要求标准与大众不同，模特除了身高要高于普通人，体重指标远远低于常人。这就要求模特在形体塑形训练的同时，树立健康的形体美观念，避免为片面追求形体美而忽略身体健康，要有严格的饮食计划，才能确保形体美得出众，美得得体。只有健康的、充满活力的人体才真正是美的。科学的饮食是健康的保证，既可以避免因营养不足造成的身体发育不良，同时也不会出现由于营养过剩所造成的肥胖。

第一节　食物中的营养素

营养是指人体在食物中摄取养分，促进生命活力和细胞生长发育与更新，维持人体正常生理功能的物质的综合过程。食物中含有多种能供给人体维持生命，使细胞生长发育与修缮，调节生理功能的营养物质。合理的营养是保证人体正常发育、增进健康、防治疾病的根本保证。营养不足则不能满足机体活动需要，会导致免疫力降低，但营养过剩也会引发各种疾病，所以营养对维持人体健康具有很重要的作用。

营养素是食物中所含有的，能为体内消化吸收、供给热能，构成机体组织和调节生理机能，为身体进行正常物质代谢所必需的物质。目前已知有40～45种人体必需的营养素存在于各类食品中。一般将营养素分为六大类，分别为蛋白质、脂肪、糖、维生素、矿物质（无机盐）和水。

一、蛋白质

蛋白质是构成人体的物质基础，人体的一切细胞、脏器、组织的构成都离不开它。蛋白质是构成细胞的主要成分，占细胞内固体成分的80%以上，约占成人体重的18%。肌肉、血液、骨、软骨以及皮肤等都由蛋白质组成。蛋白质可以促进机体组织的新陈代谢和损伤修补；蛋白质可产生一定热能，每克蛋白质在体内可产生热能4千卡（约16.74千焦）；蛋白质能提供人体必需的氨基酸。蛋白质主要来源于动物性食物中，和畜禽、肉类、鱼类、乳类等，含有丰富的蛋白质。一些植物性食物中，也含有较多的蛋白质，如豆类、谷类、干果类等。没有蛋白质就没有生命。人体的运动更是离不开它，它可以帮助练习者练就强有力的肌肉和优美的线条。

二、脂肪

脂肪为人体提供所需的能量和必需的脂肪酸。脂肪是高热能物质，1克脂肪在体内氧化可产生9千卡（约37.67千焦）的热量，体内摄入多余的热量，会以脂肪的形式贮存；脂肪是构成细胞和体内重要物质的主要成分，如磷脂、糖脂、胆固醇，是组成细胞膜的重要物质，胆固醇又是组成激素的重要物质；脂肪供给脂溶性维生素，并协助其吸收利用；脂肪在胃中停留的时间较长，因而可以增加饱腹感。脂肪主要来源于动物和一些动物性食物，如乳类、蛋类等，也来源于植物性食物中的干果类。脂肪是耐力运动的主要供能物质，被称为必需的“燃料库”。

三、糖

糖又称碳水化合物。可分为单糖（包括葡萄糖、半乳糖、果糖）、双糖（包括蔗糖、麦芽糖、乳糖）与多糖（包括淀粉、糖原、纤维素与果胶），其中，除纤维素和果胶外，都可被人体吸收利用，所有的糖在消化道内分解成单糖被机体吸收。

糖可以构成机体的一些重要物质，是人体热能的主要来源，人体三分之一的热能由糖供给；糖有维持心脏和中枢神经的功能；糖能保护肝脏，增加肝糖原的贮存，可以加强肝的功能。糖主要来源于植物性食物中的谷类、根茎类植物和各种食糖，也来自蔬菜和水果。

四、维生素

维生素是维持人体生命和正常机能不可缺少的一种营养素，是一个人成长、健康、训练所不可缺少的营养素之一，它可以参与、协助其他营养素在体内进行各种反应。根据溶解性可将维生素分为脂溶性和水溶性两大类。维生素具有调节物质代谢、保证生理功能的作用。一般存在于天然食物中，在人体内不能合成或合成的数量极少。下面介绍几种主要维生素的功用：

维生素A能维持正常视力，保护眼睛，尤其是人的暗适应能力。若维生素A缺乏时，会出现“夜盲症”。维生素A只存在于动物性食物中，最好的来源是动物的肝脏、鱼肝油、鱼卵、奶油、禽蛋等。胡萝卜素在人体肝或小肠内，经过酶的作用，可以转变为维生素A。胡萝卜素的良好来源，是一般有色蔬菜（如菠菜、胡萝卜、红心甜菜、辣椒等）和水果中的杏子、柿子等。

维生素D能增进人体对钙和磷的吸收和利用，促进骨骼及牙齿的钙化和正常发育。含维生素D最丰富的食物有动物肝脏、鱼肝油，蛋黄等。

维生素B是酶的重要组成部分，其主要功能是促进细胞的氧化，主要来源于各种动物性食物，特别是动物的内脏、蛋和奶，其次来源于豆类和新鲜绿叶菜。

维生素C能促进人体生长，维持骨骼和牙齿的健康，增强对疾病的抵抗力，促进伤口愈合，增强血管的韧性，预防与治疗坏血症，主要来源于新鲜蔬菜、水果。

维生素E对肌肉生长，提高肌肉耐力，特别是提高肌肉力量，是必不可少的，对循环、呼吸和生殖系统的功能也起一定作用，主要来源是麦芽、植物和绿叶蔬菜。

五、矿物质

矿物质是人体的重要组成部分，其中含量较多的有钙、镁、钾、钠、磷、硫、氯等元素；其他元素如铁、铜、碘、锌、锰和硒，由于含量极少，又称微量元素。

钙的最重要的生理功能是构成人体骨骼和牙齿的重要成分，来源于乳类、蛋黄、小虾皮、海带、芝麻酱等；铁是合成血红蛋白的重要原料之一，参与氧的运输和组织的呼吸，来源于动物的肝脏、肉类、蛋类、鱼类和某些蔬菜；碘是组成甲状腺素的主要成分，能促进机体的生长发育和新陈代谢，来源于海产的动植物食物；锌是很多金属酶的组成成分或酶的激活剂，主要来源是海产品，奶类和蛋类次之。

六、水

水是人体机体的重要成分，占成年人体重的60%~70%。水的主要生理功能是调节体温以及帮助体内物质的消化、吸收、生物氧化以及排泄。水的来源除了饮料、汤等，还来源于食物，饭菜、水果也为人体补充了大量水分。

第二节　食物营养成分分析

人体所需的营养及热量因人而异。其影响因素包括年龄、每日消耗、气候变化、体型、体重及健康状况等。一般正常的成年人每日需要热量为2000～3000千卡，食物中碳水化合物应占60%~70%、脂肪应占15%~25%、蛋白质应占12%~15%，由于大多数模特有控制体重或减脂需求，少数模特有增加体重的需要，所以应在正常人摄入参数基础上有所调整。表9-2-1为主要食物营养成分，可以此作为饮食摄入的参考。

表9-2-1　每百克食物所含的成分表

类别	食物名称	蛋白质(g)	脂肪(g)	碳水化合物(g)	热量（千卡）	无机盐类(g)	钙(mg)	磷(mg)	铁(mg)
谷类	大米	7.5	0.5	79	351	0.4	10	100	1.0
	小米	9.7	1.7	77	362	1.4	21	240	4.7
	高粱米	8.2	2.2	78	385	0.4	17	230	5.0
	玉米	8.5	4.3	73	365	1.7	22	210	1.6
	大麦	10.5	2.2	66	326	2.6	43	400	4.1
	面粉	12.0	0.8	70	339	1.5	22	180	7.6
干豆类	黄豆（大豆）	39.2	17.4	25	413	5.0	320	570	5.9
	青豆	37.3	18.3	30	434	5.0	240	530	5.4
	黑豆	49.8	12.1	19	384	4.0	250	450	10.5
	赤小豆	20.7	0.5	58	318	3.3	67	305	5.2
	绿豆	22.1	0.8	59	332	3.3	34	222	9.7
	花豇豆	22.6	2.1	58	341	2.5	100	456	7.9
	豌豆	24.0	1.0	58	339	2.9	57	225	0.8
	蚕豆	28.2	0.8	49	318	2.7	71	340	7.0
鲜豆类	青扁豆荚（鹊豆）	3.0	0.2	6	38	0.7	132	77	0.9
	白扁豆荚（刀子豆）	3.2	0.3	5	36	0.8	81	68	3.4
	四季豆（芸豆）	1.9	0.8	4	31	0.7	66	49	1.6
	豌豆（准豆、小寒豆）	7.2	0.3	12	80	0.9	13	90	0.8
	蚕豆（胡豆、佛豆）	9.0	0.7	11	86	1.2	15	217	1.7
	菜豆角	2.4	0.2	4	27	0.6	53	63	1.0
豆类制品	黄豆芽	11.5	2.0	7	92	1.4	68	102	6.4

续表

类别	食物名称	蛋白质(g)	脂肪(g)	碳水化合物(g)	热量(千卡)	无机盐类(g)	钙(mg)	磷(mg)	铁(mg)
豆类制品	豆腐浆	1.6	0.7	1	17	0.2	—	—	—
	北豆腐	9.2	1.2	6	72	0.9	110	110	3.6
	豆腐乳	14.6	5.7	5	30	7.8	167	200	12.0
	绿豆芽	3.2	0.1	4	30	0.4	23	51	0.9
	豆腐渣	2.6	0.3	7	41	0.7	16	44	4.0
根茎类	小葱（火葱、麦葱）	1.4	0.3	5	28	0.8	63	28	1.0
	大葱（青葱）	1.0	0.3	6	31	0.3	12	46	0.6
	葱头（大蒜）	4.4	0.2	23	111	1.3	5	44	0.4
	芋头（土芝）	2.2	0.1	16	74	0.8	19	51	0.6
根茎类	红萝卜	2.0	0.4	5	32	1.4	19	23	1.9
	荸荠（乌芋）	1.5	0.1	21	91	1.5	5	68	0.5
	甘薯（红薯）	2.3	0.2	29	127	0.9	18	20	0.4
	藕	1.0	0.1	6	29	0.7	19	51	0.5
	白萝卜	0.6	—	6	26	0.8	49	34	0.5
	马铃薯（土豆、洋芋）	1.9	0.7	28	126	1.2	11	59	0.9
叶菜类	黄花菜（鲜金针菜）	2.9	0.5	12	64	1.2	73	69	1.4
	黄花（金针菜）	14.1	0.4	60	300	7.0	463	173	16.5
	菠菜	2.0	0.2	2	18	2.0	70	34	2.5
	韭菜	2.4	0.5	4	30	0.9	56	45	1.3
	苋菜	2.5	0.4	5	34	2.3	200	46	4.8
	油菜（胡菜）	2.0	0.1	4	25	1.4	140	52	3.4
	大白菜	1.4	0.3	3	19	0.7	33	42	0.4
	小白菜	1.1	0.1	2	13	0.8	86	27	1.2
	洋白菜（椰菜）	1.3	0.3	4	24	0.8	100	56	1.9
	香菜（芫荽）	2.0	0.3	7	39	1.5	170	49	5.6
	芹菜茎	2.2	0.3	2	20	1.0	160	61	8.5
菌类	蘑菇（鲜）	2.9	0.2	3	25	0.6	8	66	1.3
	口蘑（干）	35.6	1.4	23	247	16.2	100	162	32.0
	香菌（香菇）	13.0	1.8	54	384	4.8	124	415	25.3

续表

类别	食物名称	蛋白质(g)	脂肪(g)	碳水化合物(g)	热量（千卡）	无机盐类(g)	钙(mg)	磷(mg)	铁(mg)
海菜类	木耳（黑）	10.6	0.2	65	304	5.8	357	201	185.0
	海带（干，昆布）	8.2	0.1	57	262	12.9	2250	—	150.0
	紫菜	24.5	0.9	31	230	30.3	330	440	32.0
茄瓜果类	南瓜	0.8	—	3	15	0.5	27	22	0.2
	西葫芦	0.6	—	2	10	0.6	17	47	0.2
	瓠子（龙蛋瓜）	0.6	0.1	3	15	0.4	12	17	0.3
	丝瓜（布瓜）	1.5	0.1	5	27	0.5	28	45	0.8
	茄子	2.3	0.1	3	22	0.5	22	31	0.4
	冬瓜	0.4	—	2	10	0.3	19	12	0.3
	西瓜	1.2	—	4	21	0.2	6	10	0.2
	甜瓜	0.3	0.1	4	18	0.4	27	12	0.4
	菜瓜（地黄瓜）	0.9	—	2	12	0.3	24	11	0.2
	黄瓜	0.8	0.2	2	13	0.5	25	37	0.4
	西红柿（番茄）	0.6	0.3	2	13	0.4	8	32	0.4
水果类	柿	0.7	0.1	11	48	2.9	10	19	0.2
	枣	1.2	0.2	24	103	0.4	41	23	0.5
	苹果	0.2	0.6	15	60	0.2	11	9	0.3
	香蕉	1.2	0.6	20	90	0.7	10	35	0.8
	梨	0.1	0.1	12	49	0.3	5	6	0.2
	杏	0.9	—	10	44	0.6	26	24	0.8
	李	0.5	0.2	9	40	—	17	20	0.5
	桃	0.8	0.1	7	32	0.5	8	20	1.0
	樱桃	1.2	0.3	8	40	0.6	6	31	5.9
	葡萄	0.2	—	10	41	0.2	4	15	0.6
干果及硬果类	花生仁（炒熟）	26.5	44.8	20	589	3.1	71	399	2.0
	栗子（生及熟）	4.8	1.5	44	209	1.1	15	91	1.7
	杏仁（炒熟）	25.7	51	9	597	2.5	141	202	3.9
	菱角（生）	3.6	0.5	24	115	1.7	9	49	0.7
	红枣（干）	3.3	0.5	73	309	1.4	61	55	1.6

续表

类别	食物名称	蛋白质(g)	脂肪(g)	碳水化合物(g)	热量（千卡）	无机盐类(g)	钙(mg)	磷(mg)	铁(mg)
畜类	牛肉	20.1	10.2	—	172	1.1	7	170	0.9
	牛肝	18.9	2.6	9	135	0.9	13	400	9
	羊肉	11.1	28.8	0.5	306	0.9	11	129	2
	羊肝	18.5	7.2	4	155	1.4	9	414	6.6
	猪肉	16.9	29.2	1.1	335	0.9	11	170	0.4
	猪肝	20.1	4.0	2.9	128	1.8	11	270	25
乳类	牛奶（鲜）	3.1	3.5	4.6	62	0.7	120	90	0.1
	牛奶粉	25.6	26.7	35.6	48.5	—	900	—	0.8
	羊奶（鲜）	3.8	4.1	4.6	71	0.9	140	—	0.7
飞禽	鸡肉	23.3	1.2	—	104	1.1	11	190	1.5
	鸭肉	16.5	7.5	0.1	134	0.9	11	145	4.1
蛋类	鸡蛋（全）	14.8	11.6	—	164	1.1	55	210	2.7
	鸭蛋（全）	13	14.7	0.5	186	1.8	71	210	3.2
	咸鸭蛋（全）	11.3	13.2	3.3	178	6	102	214	3.6
爬行类	田鸡（青蛙）	11.9	0.3	0.2	51	0.6	22	159	1.3
	甲鱼	16.5	1	1.5	81	0.9	107	135	1.4
蛤类	河螃蟹	1.4	5.9	7.4	139	1.8	129	145	13.0
	明虾	20.6	0.7	0.2	90	1.5	35	150	0.1
	青虾	16.4	1.3	0.1	78	1.2	99	205	0.3
	虾米（河产及海产）	46.8	2	—	205	25.2	882	—	—
	田螺	10.7	1.2	3.8	69	3.3	357	191	19.8
	蛤蜊	10.8	1.6	4.8	77	3	37	82	14.2
鱼类	鲫鱼	13	1.1	0.1	62	0.8	54	20.3	2.5
	鲤鱼	18.1	1.6	0.2	88	1.1	28	17.6	1.3
	鳝鱼	17.9	0.5	—	76	0.6	27	4.6	4.6
	带鱼	15.9	3.4	1.5	100	1.1	48	53	2.3
	黄花鱼（石首鱼）	17.2	0.7	0.3	76	0.9	31	204	1.8
油脂及其他	猪油（炼）	—	99	—	891	—	—	—	—
	芝麻油	—	100	—	900	—	—	—	—
	花生油	—	100	—	900	—	—	—	—
	芝麻酱	20.0	52.9	15	616	5.2	870	530	58
	豆油	—	100	—	900	—	—	—	—

思考与练习

1．什么是营养素？

2．蛋白质的营养功用是什么？

3．糖的分类有哪些？

4．维生素的作用有哪些？

参考文献

[1]刘晶，刘燕，李彦．健美操、体育舞蹈、形体训练[M]．合肥：安徽大学出版社，2005．
[2]常蕙，刘渤海，常莼．形体训练教程[M]．北京：北京体育学院出版社，1993．
[3]杨静宜，戴红．体疗康复[M]．北京：北京体育大学出版社，1996．
[4]杨斌．形体训练纲论[M]．北京：北京体育大学出版社，2005．
[5]许琦．极速健美[M]．北京：北京体育大学出版社，2005．
[6]官加荣．最强肌肉健身课[M]．南京：江苏凤凰科学技术出版社，2015．
[7]梁智栩，蔡艳宾．形体训练[M]．上海：上海交通大学出版社，2015．
[8]张强，王卓识，安涛．形体训练[M]．北京：中国商业出版社，2014．
[9]赵晓玲，张潇云，李杜娟，陈朝晖．形体塑造与训练[M]．重庆：重庆大学出版社，2014．
[10]张颜，张先松．女性形体塑造攻略[M]．北京：中国地质大学出版社，2015．
[11]黄咏．形体训练[M]．武汉：武汉大学出版社，2013．
[12]符敏．形体训练[M]．重庆：重庆大学出版社，2016．
[13]傅强．职业形体塑造 [M]．北京：北京体育大学出版社，2011．
[14]田培培．舞蹈与形体训练[M]．北京：人民音乐出版社，2015．
[15]王晶，张岩松．形体训练与形象设计[M]．北京：清华大学出版社，2011．
[16]张御辞．浅析大学生有氧运动的锻炼方法[J]．哈尔滨：当代体育科技，2015，5（21）．
[17]张平华．有氧练习与力量训练对低体重女大学生体质影响的研究[D]．北京：北京体育大学，2008（6）．
[18]马焱，肖微．高校体育教学中有氧健身操对学生形体塑造的研究分析[J]．哈尔滨：继续教育研究，2009（2）．